KB178707

카르다노가 들려주는 확률 2 이야기

수학자가 들려주는 수학 이야기 46

카르다노가 들려주는 확률 2 이야기

초판 1쇄 발행일 | 2008년 12월 12일
초판 22쇄 발행일 | 2023년 6월 1일

지은이 | 김하얀
펴낸이 | 정은영
펴낸곳 | (주)자음과모음

출판등록 | 2001년 11월 28일 제2001-000259호
주소 | 10881 경기도 파주시 회동길 325-20
전화 | 편집부 (02)324-2347, 경영지원부 (02)325-6047
팩스 | 편집부 (02)324-2348, 경영지원부 (02)2648-1311
e-mail | jamoteen@jamobook.com

ISBN 978-89-544-1589-7 (04410)

46 수학자가 들려주는 수학 이야기

카르다노가 들려주는 확률 2 이야기

| 김 하 얀 지음 |

(주)자음과모음

수학자라는 거인의 어깨 위에서
보다 멀리, 보다 넓게 바라보는 수학의 세계!

수학 교과서는 대개 '결과' 로서의 수학을 연역적으로 제시하는 경향이 강하기 때문에 학생들은 수학이 끊임없이 진화해 왔다는 생각을 하기 어렵습니다. 그렇지만 수학의 역사는 하나의 문제가 등장하고 그에 대해 많은 수학자들이 고심하고 이를 해결하는 가운데 새로운 아이디어가 출현해 온 역동적인 과정입니다.

〈수학자가 들려주는 수학 이야기〉는 수학 주제들의 발생 과정을 수학자들의 목소리를 통해 친근하게 이야기 형식으로 들려주기 때문에 학생들이 수학을 '과거완료형' 이 아닌 '현재진행형' 으로 인식하는 데 도움이 될 것입니다.

학생들이 수학을 어려워하는 요인 중의 하나는 '추상성' 이 강한 수학적 사고의 특성과 '구체성' 을 선호하는 학생의 사고의 특성 사이의 괴리입니다. 이런 괴리를 줄이기 위해서 수학의 추상성을 희석시키고 수학 개념과 원리의 설명에 구체성을 부여하는 것이 필요한데, 〈수학자가 들려주는 수학 이야기〉는 수학 교과서의 내용을 생동감 있게 재구성함으로써 추상적인 수학을 구체성을 갖는 수학으로 변모시키고 있습니다. 또한 중간중간에 곁들여진 수학자들의 에피소드는 자칫 무료해지기 쉬운 수학 공부에 있어 윤활유 역할을 할 수 있을 것입니다.

〈수학자가 들려주는 수학 이야기〉의 구성을 보면 우선 수학자의 업적을 개략적으로 소개하고, 6~9개의 강의를 통해 수학 내적 세계와 외적 세계, 교실 안과 밖을 넘나들며 수학 개념과 원리들을 소개한 후 마지막으로 강의에서 다룬 내용들을 정리합니다. 이런 책의 흐름을 따라 읽다 보면 각 시리즈가 다루고 있는 주제에 대한 전체적이고 통합적인 이해가 가능하도록 구성되어 있습니다.

〈수학자가 들려주는 수학 이야기〉는 학교 수학 교과 과정과 긴밀하게 맞물려 있으며, 전체 시리즈를 통해 학교 수학의 많은 내용들을 다룹니다. 예를 들어 《라이프니츠가 들려주는 기수법 이야기》는 수가 만들어진 배경, 원시적인 기수법에서 위치적 기수법으로의 발전 과정, 0의 출현, 라이프니츠의 이진법에 이르기까지를 다루고 있는데, 이는 중학교 1학년의 기수법의 내용을 충실히 반영합니다. 따라서 〈수학자가 들려주는 수학 이야기〉를 학교 수학 공부와 병행하면서 읽는다면 교과서 내용의 소화 흡수를 도울 수 있는 효소 역할을 할 수 있을 것입니다.

뉴턴이 'On the shoulders of giants'라는 표현을 썼던 것처럼, 수학자라는 거인의 어깨 위에서는 보다 멀리, 넓게 바라볼 수 있습니다. 학생들이 〈수학자가 들려주는 수학 이야기〉를 읽으면서 각 수학자들의 어깨 위에서 보다 수월하게 수학의 세계를 내다보는 기회를 갖기 바랍니다.

홍익대학교 수학교육과 교수 | 《수학 콘서트》 저자 **박 경 미**

세상의 진리를 수학으로 꿰뚫어 보는 맛
그 맛을 경험시켜 주는 '확률 2' 이야기

토토, 도로시와 함께 했던 확률 1 수업에서 우리가 무엇을 공부했는지 기억하나요? 확률이 인간의 역사에서 어떻게 등장했는지, 그리고 어떻게 현대의 확률에 이르게 되었는지를 배웠죠. 또, 확률이란 무엇인지도 공부했습니다.

확률 1 수업은 주로 초등학생과 중학생을 위해 쓰여졌습니다. 수학에 대한 거부감 없이 확률과 친해지기 위한 과정이었죠. 초등학교 고학년 이상 학생이라면 이미 생활 속에서 확률의 직관을 갖고 있다고 생각합니다. 그것만으로도 우리는 충분히 확률 계산을 해낼 수 있음을 알 수 있도록 하는 과정이 바로 확률 1 수업이었습니다.

이번 확률 2 수업은 그런 바탕 위에 본격적으로 수학적 계산과 공식을 도입하고, 그것을 이용해 더욱 복잡한 확률 계산을 해낼 수 있도록 도와줄 것입니다. 하지만, 여기서도 역시 공식에만 너무 집착하는 모습은 보이지 말아 주세요. 이번 수업의 기본 역시 여러분이 갖고 있는 확률에 대한 감각입니다. 생각이 우선되고, 그 위에 공식과 계산의 탑을 쌓아 가는 것입니다.

수업 전반부에는 확률 계산의 기본이 되는 경우의 수를 구하는 법을 간단히 배울 것이고, 중반부에서는 본격적인 확률 계산을 공부할 것입니다. 그리고 마지막 시간에는 실생활에서 확률을 이용하는 모습들을, 그리고 우연이라는 현상을 어떻게 확률로 설명할 수 있는지에 대해서 배울 것입니다. 또한, 우리의 직관이 항상 정확하지는 않기에 그럴 때마다 확률이 유용하게 사용되는 방식들에 대해서도 알아볼 것입니다.

초등학생도 확률 1 수업을 이해한 학생이라면 충분히 이 책을 읽을 수 있습니다. 중학생도 어려움 없이 공부할 수 있을 것이고, 고등학생이라면 더욱이 확률 1 수업에서 다룬 확률의 역사와 생활의 응용 내용만 읽고 확률 2를 공부해도 될 것입니다.

확률은 우리의 삶을 예측할 수 있게 해 주는 고마운 도구입니다. 확률 1 수업보다 더욱 강력한 무기를 갖게 해 줄 확률 2 수업을 이제 시작해 볼까요?

2008년 12월 김 하 얀

차례

1 이 책은 달라요

《카르다노가 들려주는 확률 2 이야기》는 확률 1 수업에서 익힌 확률 감각의 바탕 위에서 본격적인 확률 계산을 배우게 됩니다. 공식부터 배우고 그것에 대입하는 방식이 아닌, 일상생활의 문제를 해결하는 과정에서 스스로 방법을 깨우치고 거기서 공식을 발견해 나갈 수 있는 길을 제시합니다. 그렇게 익힌 확률 계산을 실생활에 적용할 수 있도록 도와줄 것입니다.

2 이런 점이 좋아요

1 공식부터 도입하고 그것에 숫자를 대입하는 알고리즘을 익히는 수학 공부 방식이 아니라, 일상생활에서 겪는 문제들을 해결하려는 노력 속에서 스스로 방법을 발견해 나갑니다.

2 이렇게 발견한 방법들을 수학 공식으로 발전시킬 수 있도록 도와줍니다.

3 배운 확률 계산과 공식을 실생활에서 적극적으로 활용할 수 있으며, 확률이 얼마나 유용한 도구인지 알 수 있습니다.

4 직관만으로 해결할 수 없는 문제를 확률이 해결할 수 있음을 확인합니다.

5 확률 문제뿐만 아니라 다른 수학 공부 또는 연관 분야 학습에서도 스스로 깨우치고 발전시키는 자기 주도적 학습 능력을 가질 수 있도록 해 줍니다.

3 교과 과정과의 연계

구분	학년	단원	연계되는 수학적 개념과 내용
초등학교	6–나	경우의 수	경우의 수, 확률
중학교	8–나	확률	경우의 수, 확률의 뜻과 성질, 확률의 계산
고등학교	수 I	확률과 통계	합사건, 곱사건, 여사건, 수학적 확률, 통계적 확률, 확률의 덧셈정리, 확률의 곱셈정리

4 수업 소개

첫 번째 수업_경우의 수 — 합의 법칙과 곱의 법칙

경우의 수를 헤아리는 데 유용한 합의 법칙과 곱의 법칙을 배웁니다.

- 선수 학습

사건 : 실험이나 관찰의 결과

경우의 수 : 사건이 일어나는 가짓수

두 사건 A, B가 동시에 일어나지 않을 때, 사건 A가 일어나는 경우의 수를 m, 사건 B가 일어나는 경우의 수를 n이라고 하면, 사건 A 또는 사건 B가 일어나는 경우의 수는 $m+n$ 입니다.

- 공부 방법

경우의 수는 확률 계산을 위한 필수 도구입니다. 그리고 합의 법칙과 곱의 법칙은 경우의 수의 기본입니다. 본격적으로 경우의 수를 공부하기 전에 기본을 튼튼히 할 수 있도록 공부합니다. 확률 1 수업에서 공부한 내용을 발전시켜 합의 법칙과 곱의 법칙을 완성합니다. 공식으로 다가가지 말고 상황 속에서 문제를 해결합니다.

- 관련 교과 단원 및 내용

– 6-나 : 경우의 수

– 8-나 : 확률

두 번째 수업 _ 차례대로 나열하기

n명을 차례대로 나열하는 경우의 수를 연습합니다.

• 공부 방법

순열을 배우기 전에, !팩토리알 기호를 배우고 '!'을 어떻게 사용하는지 공부합니다. 무작정 공식으로 익히지 않도록 주의합니다.

• 관련 교과 단원 및 내용

– 수 I : 확률과 통계

세 번째 수업 _ 순열

n명 중에서 r명을 뽑아 순서대로 나열하는 경우의 수를 배웁니다.

• 공부 방법

순열의 공식이 어떻게 유도될 수 있는지 공부합니다. 그리고 공식을 익힌 후에는 그것을 능률적으로 활용할 수 있도록 연습합니다.

• 관련 교과 단원 및 내용

– 수 I : 확률과 통계

네 번째 수업 _ 조합

n명 중에서 r명을 뽑는 경우의 수를 익힙니다.

• 공부 방법

조합의 공식이 어떻게 유도될 수 있는지 공부합니다. 그리고 공식을 익힌 후에는 그것을 능률적으로 활용할 수 있도록 연습합니다.

• 관련 교과 단원 및 내용

– 수 I : 확률과 통계

다섯 번째 수업_확률이란?

확률을 배우기 위한 여러 가지 용어와 확률의 정의를 배웁니다.

• 선수 학습

서로소 : 집합 A와 B에서 $A \cap B = \phi$일 때, 집합 A와 B는 서로소라고 합니다.

확률 : $\dfrac{\text{사건 A가 일어나는 경우의 수}}{\text{일어날 수 있는 모든 경우의 수}}$

확률의 성질

1) 반드시 일어나는 사건의 확률은 1

2) 절대로 일어날 수 없는 사건의 확률은 0

3) 어떤 사건의 확률을 p라고 하면, $0 \leq p \leq 1$

• 공부 방법

확률을 구하기 위한 기본을 다지는 시간입니다. 확률 1에서는 확률의 정의를 이해해 가는 시간이었다면, 확률 2의 다섯 번째 수업은 확률의 계산을 본격적으로 다루기 위해 기본이 되는 용어, 기호 등을 익히게 됩니다. 이 다음 수업들을 위해 잘 기억해 둡니다. 더불어 배반사건의 이해에 중점을 둡니다.

• 관련 교과 단원 및 내용

− 수 I : 확률과 통계

여섯 번째 수업_확률 구하기

본격적으로 확률 구하기를 연습합니다.

• 선수 학습

여사건의 확률 : 사건 A가 일어날 확률을 p라 하면, 사건 A가 일어나지 않을 확률은 $1-p$ 입니다.

• 공부 방법

확률 구하기를 본격적으로 연습하기 시작합니다. 수학적 확률을 앞에서 배운 조합 등을 이용해 연습합니다. 뒤에 나오는 여러 가지 정리를 익히기 전에 수학적 확률 구하기에 익숙해지는 시간이 될 것입니다. 공식을 익히는 것도 중요하지만 공식에 빠져 생각하기를 잊어서는 안 됩니다. 공식에 대입하기 전에 직관적으로 먼저 생각해 보는 습관을 들입니다.

• 관련 교과 단원 및 내용

− 수 I : 확률과 통계

일곱 번째 수업_확률의 덧셈정리

확률의 덧셈정리를 이용하여 확률 구하기를 연습합니다.

• 선수 학습

확률의 합 : 사건 A, B가 동시에 일어나지 않을 때, 사건 A 또는 사건 B가 일어날 확률은

(사건 A가 일어날 확률)+(사건 B가 일어날 확률)

• 공부 방법

확률 1 수업에서 배운 확률의 합을 발전시켜 확률의 덧셈정리를 완성합니다. 정리가 어떻게 유도되는지 스스로 생각해 보고, 본격적인 확률 계산에 능숙하게 될 수 있도록 연습합니다.

• 관련 교과 단원 및 내용

- 수 I : 확률과 통계

여덟 번째 수업_조건부확률

조건부확률을 익히고 종속사건, 독립사건을 배웁니다.

• 공부 방법

확률 계산의 중요하고도 복잡한 내용을 본격적으로 배우게 됩니다. 이 부분을 철저히 이해하지 않으면 여러가지 확률을 계산할 때 오류를 저지를 수 있게 됩니다. 확률에 대한 직관을 한 단계 발전시킬 수 있도록 이해에 중점을 둡니다. 독립사건과 배반사건을 혼동하지 않도록 주의합니다.

• 관련 교과 단원 및 내용

– 수 I : 확률과 통계

아홉 번째 수업_확률의 곱셈정리

확률의 곱셈정리를 이용하여 확률을 구하는 방법과 독립시행의 정리를 배웁니다.

• 선수 학습

확률의 곱 : 사건 A, B가 서로 영향을 끼치지 않는 경우, 사건 A와 B가 동시에 일어날 확률은

(사건 A가 일어날 확률)×(사건 B가 일어날 확률)

• 공부 방법

확률 계산의 가장 강력한 무기인 곱셈정리와 독립시행의 정리를 배웁니다. 연습과 이해에 중점을 둡니다.

• 관련 교과 단원 및 내용

– 수 I : 확률과 통계

열 번째 수업_확률의 여러 가지 모습 — 생활 속의 확률

생활 속에서 만나는 여러 가지 문제를 확률을 활용하여 해결하고, 직관이 사실과 다를 때 확률을 이용할 수 있음을 배웁니다.

• 공부 방법

실생활에서 확률을 어떻게 이용하는지, 우리의 확률 직관이 사실과

다를 때에는 확률의 계산이 어떻게 이용될 수 있는지를 배웁니다. 응용과 이해에 중점을 둡니다.

• 관련 교과 단원 및 내용

– 수Ⅰ : 확률과 통계

카르다노를 소개합니다

Girolamo Cardano (1501~1576)

점성술사이자 철학자, 도박사이자 대수학자인

카르다노는 이탈리아 파비아에서 태어났습니다.

어릴 적 아버지를 여의고,

카드나 주사위 놀이 등으로 돈을 벌어야만 했던 그는

도박에서 지는 경우가 거의 없었다고 합니다.

하지만 거기서 큰돈을 벌지는 못했다고 합니다.

그의 대수학적 업적은 오늘날까지도 사람들에게 널리 알려져 있습니다.

1545년에 발간한 《위대한 기술》에서 그는

삼차방정식의 근의 공식과 사차 방정식의 풀이법을 제시하였고,

이후 발간된 《주사위 게임에 대해서》라는 책에서는 확률론에 대한

체계적인 접근을 보여 주고 있습니다.

여러분, 나는 카르다노입니다

여러분, 안녕하세요!

확률 1 수업에서 여러분들과 함께 확률 여행을 했던 카르다노예요. 확률 2 수업 시간에 또 만나게 되었네요! 나를 잊어버리지는 않았겠죠? 너무 많은 공부를 하느라 혹시라도 나를 잊은 학생이 있을까봐 내 소개를 다시 할게요.

아직도 나를 미치광이 수학자로 생각하는 분들은 없겠죠? 사실, 나는 다양한 방면에 관심이 많아서 의사이기도 했고 철학, 연금술, 물리학, 지질학에도 관여했지요. 하지만 나는 누구보다도 수학을 사랑했던 개성 강한 수학자랍니다.

내가 얼마나 수학을 사랑했는지 들어 보세요. 나는 대수학을 다룬 최초의 라틴어 책 《위대한 기술Ars Magna》을 집필했어요. 이 책에서 나는 삼차방정식의 근의 공식을 발표했지요. 타르탈리아가 먼저 발견한 것이기는 하지만, 이 공식을 사람들에게 널리 알린다는 데 큰 의의가 있다고 생각했기에 내가 발표한 것이라 여겨 주세요. 그리고 이 책은 또한 음의 해를 다룬 것으로도 유명하지요. 또한, 나는 확률론에 있어서도 기억할 만한 업적을 남겼어요. 내가 쓴 《게임의 확률 이론》이라는 책은 사람들에게 확률 이론의 체계를 만든 책으로 인정받고 있지요.

자, 이제 내가 얼마나 수학을 사랑하는지, 특히 확률론에 어떤 기여를 했는지 알 수 있겠죠? 그럼, 이제 나와 함께 다시 새로운 확률 여행을 떠나 봐요. 확률 2 수업을 향해 고고싱~!

나는 개성이 강한
사람일 뿐입니다.
그리고 내겐 천재적인
재능이 있었어요.
200권이 넘는 책을 썼으며
이탈리아 파비아 대학에서
의학을 공부해서 의사까지
되었죠.
의사
자격증

나는《위대한 기술》이란 아주
훌륭한 수학책을 1545년에 저술했는데
이 책에서 삼차 방정식의 근의 공식을
사람들에게 알렸습니다.
위대한
기술

삼차 방정식의 근의 공식은
내가 발견하고 자네에게만
알려 주었던 내용이잖아.
사람들에게
널리 알리는 게
더 좋은 거잖아.

이 거짓말쟁이에
사기꾼!!

나는 체스나
도박도 즐겼습니다.
도박에서 카르다노를
당해 낼 수가 없어.

나는 도박을 하면서
얻은 확률의 지식으로
《게임의 확률 이론》이란
책을 써 냈죠.
게임의
확률 이론
확률 이론을
수학적으로 연구하게 된
시초를 마련했습니다.

나는 수학자와 의사뿐만 아니라 파비아의
시장까지 지냈으며 점성술사이기도 했습니다.
나는 1576년
9월 20일
죽게 될 거야.

나는 내 예언대로
1576년 9월 20일
생을 마감했습니다.
카르다노

경우의 수

합의 법칙과 곱의 법칙

확률에서 다루는 합의 법칙과 곱의 법칙에 대해서 자세히 알아봅니다.

첫 번째 학습 목표

합의 법칙과 곱의 법칙을 이해합니다.

미리 알면 좋아요

1. 사건 실험이나 관찰의 결과

2. 경우의 수 사건이 일어나는 가짓수

3. 두 사건 A, B가 동시에 일어나지 않을 때, 사건 A가 일어나는 경우의 수를 m, 사건 B가 일어나는 경우의 수를 n이라고 하면, 사건 A 또는 사건 B가 일어나는 경우의 수는 $m+n$입니다.

"역시, 우리 효리 누나가 최고야~!"

토토는 오늘도 TV를 끌어안고 좋아합니다. 그때, 멀리서 리모컨을 돌리며 도로시가 한마디 합니다.

"무슨 소리! 우리 귀여운 재석 오빠가 최고지~!"

"야! 왜 돌려? 한창 재미있는데!"

"난, 우리 재석 오빠 나오는 프로그램 볼 거야."

책 좀 읽자…… 또 싸우니?

확률 1 수업을 마친 카르다노 선생님은 오랜만에 찾아온 휴가를 조용한 집에서 쉬고 싶었습니다. 그런데, 수업을 끝낸 지 며칠 되지 않아 선생님이 보고 싶다고 도로시와 토토가 아침 일찍부터 찾아오더니 이렇게 TV를 갖고 싸우고 있는 것입니다.

그렇게 TV만 볼 거였으면 집에나 있지 왜 여기 와서 싸우는지 원…….

"집에 있으면 엄마 눈치 때문에 마음 놓고 못 봐요. 그렇지만 선생님 댁에선 TV를 맘껏 볼 수 있어서 좋아요! 하하!"

이런 이런…… 나 보고 싶다고 온 거 아니었냐?

"아, 선생님 뵙고 싶어서 온 거 맞아요. 호호호! 그건 그렇고요 선생님. 선생님은 이효리가 좋으세요? 귀여운 재석 오빠가 좋으세요?"

도로시의 말에 토토가 지지 않고 끼어듭니다.

"선생님이 지금 프로그램 하나 골라 주세요. 예쁜 효리 님이 좋으세요? 촐싹대는 재석 씨가 좋으세요?"

…… 응? 아, 어떤 프로그램을 볼지 결정해 달라는 거구나! 싸우지 말고 그냥 집에 가서 보는 게 어때? 음…… 지금은 올림픽 기간인데, 너흰 올림픽 경기 안 보니?

"선생님도 참, 이렇게 이른 아침에는 올림픽 경기를 하지 않아요. 아무튼 저는 재석 오빠 나오는 프로그램을 보고 싶은데, 토토는 자꾸 이효리가 나오는 프로그램이 보고 싶다고 우기잖아요. 채널 좀 돌려 보세요. 케이블에서 지금 재석 오빠 나오는 프로그램이 4개나 해요. 역시 최고의 연예인이에요. 호호."

"크크크. 우리 효리 누나 나오시는 프로그램도 지금 3개나 하고 있다고! 재미로 치면 역시 효리 님이 최고야. 선생님은 효리 님이나 재석이가 나오는 프로그램 중에 어떤 걸 보고 싶으세요? 아, 갑자기 수업 시간에 배운 내용이 제 머리를 흔드는데요?"

토토가 갑자기 잘난 척 할 것이 떠올랐는지 어깨를 으쓱하며 호들갑입니다.

"선생님은 선택권이 7개 있는 거예요~!"

하하, 토토가 확률 1 수업에서 배운 내용을 기억했나 보구나.

"예. 맞아요. 사건 A가 일어나는 경우의 수를 m, 사건 B가 일어나는 경우의 수를 n이라고 하면, 사건 A 또는 사건 B가 일어나는 경우의 수는 $m+n$이 된다는 거죠! 그러니까, 선생님은 효리 님이 나오는 프로그램 3개+재석이가 나오는 프로그램 4개, 즉 3+4이니까 7개의 선택권을 갖는 거예요. 히히."

"바보 토토. 그때 중요한 전제가 하나 있었잖아!"

이런 이런! 도로시. 토토가 살짝 실수하기는 했지만, 수업시간에 배운 것을 기억해내고, 그것을 실생활에서 적용했다는 사실만은 높이 살만하지. 물론, 도로시 말대로 경우의 수를 합할 때에는 꼭 기억해야할 중요한 전제가 있단다. 자, 다시 한번 기억해 볼까? 칠판을 보도록 하자.

카르다노 선생님은 칠판에다 다음과 같이 쓰셨습니다.

두 사건 A, B가 동시에 일어나지 않을 때, 사건 A가 일어나는 경우의 수를 m, 사건 B가 일어나는 경우의 수를 n이라고 하면, 사건 A 또는 사건 B가 일어나는 경우의 수는

$$m+n$$

확률 1 수업에서 배운 내용이란다. 유재석이 나오는 프로그램 4개, 이효리가 나오는 프로그램이 3개니까, 나는 재석 또는 효리가 나오는 프로그램 중에서 선택할 수 있고, 4+3, 즉 7개의 선

택권을 갖는다는 것은, '두 사건이 동시에 일어나지 않을 때' 라는 중요한 전제를 생각하지 않은 오류를 범했단다.

"무슨 말씀인지 잘 모르겠어요."

토토는 도통 모르겠다는 표정으로 선생님을 바라보았습니다. 선생님은 칠판에 기록할 준비를 하며 이번엔 도로시에게 말씀하셨습니다.

도로시야, 유재석이 나오는 프로그램을 모두 말해 보렴. 4개가 어떤 것들이지?

"무한도전, 놀러와, 해피투게더, 패밀리가 떴다. 모두 훌륭한 프로그램들이지요."

리모컨으로 케이블 채널을 바꿔 가며 의기양양하게 도로시가 말했습니다. 카르다노 선생님은 이 프로그램들을 칠판에 적고, 토토에게도 이효리가 나오는 프로그램을 말해 보라고 얘기했습니다.

"체인지, 상상플러스, 패밀리가 떴다. 모두 품격 있는 프로그램들이지요. 어?"

토토가 눈치챘나 보구나. 그럼, 선생님은 프로그램을 고를 선택권이 몇 개 가지고 있는지 말해 볼래?

"6개인걸요. 3+4는 7이지만, '패밀리가 떴다'는 효리 누나도 나오고 유재석도 나오네요. 그러니까, 그 프로그램은 효리 누나 프로그램 3개 속에도 포함되고, 유재석 프로그램 4개 속에도 포함되니 두 번이나 헤아린 셈이 되지요."

그래. 그래서 이렇게 두 사건이 동시에 일어나기도 할 때에는 (효리 프로그램 3개)+(재석 프로그램 4개)−*(둘이 함께 나오는 프로그램 1개)*=6개로 계산해야 한단다. 확률 1 수업 시간에 배웠던 '사건 A 또는 사건 B가 일어나는 경우의 수'를 다음과 같이 업그레이드 시켜 보자.

중요 포인트

합의 법칙

사건 A가 일어나는 경우의 수를 m, 사건 B가 일어나는 경우의 수를 n이라 하고, A와 B가 동시에 일어나는 경우가 l가지 있으면,

사건 A 또는 사건 B가 일어나는 경우의 수는

$$m+n-l$$

토토가 당황스러워 하는 표정으로 선생님께 질문을 합니다.

"확률 1 수업에서요. '사건 A 또는 사건 B가 일어나는 경우의 수'를 배울 때요. '사건 A, B가 동시에 일어나는 경우의 수'도 배웠잖아요. 그것도 업그레이드 시킬 건가요?"

하하하, 아니야 토토. 그런데 제법인데? 수업 내용을 아주 정확히 기억하고 있구나. 다시 한번 기억할 겸 칠판에 적어 볼까?

중요 포인트

곱의 법칙

사건 A가 일어나는 경우의 수를 m, 그 각각에 대하여 다른 사건 B가 일어나는 경우의 수를 n이라 하면,

두 사건 A와 B가 동시에 일어나는 경우의 수는

$$m \times n$$

토토가 지난 수업을 정확히 기억해낸 것에 조금 놀란 도로시도 지지 않고 한마디 거듭니다.

"음…… 이 곱의 법칙은요. 바로 이런 곳에 사용하면 돼요. 선생님께서 조금 이따가 저희들에게 맛있는 요리를 해 주실 건데

요. 찌개 1가지, 나물요리 1가지를 하실 거예요. 선생님께서 하실 수 있는 찌개는 '된장찌개, 김치찌개' 두 가지가 있고요. 나물은 '콩나물, 시금치나물, 고사리나물' 세 가지가 있어요. 그럼, 선생님은 고민을 하시겠죠. 요리도 궁합이라는 게 있는데, 어떻게 짝을 지어 요리를 해야 아이들이 제일 맛있게 먹을까…… 선생님은 몇 가지를 놓고 고민해야 하느냐 하면요. 2×3, 즉 6가지예요."

하하. 잘했다 도로시. 하지만, 내가 찌개도 끓이고, 나물도 할 줄 안다고 생각하다니 놀랍고 미안한걸. 하하하!

카르다노 선생님은 어느새 읽고 있던 책을 내려놓고 말씀하십니다.

음…… 우리, 칠판까지 꺼내 온 김에 확률 2 수업을 시작하는 건 어떨까? 지금 경우의 수를 세는 중요한 법칙인 합의 법칙과 곱의 법칙을 공부했지? 오늘은 경우의 수를 세는 편리한 방법과 공식들을 배워 보기로 하자.

TV 채널을 돌리며 싸우다가 얼떨결에 공부를 시작한 토토와 도로시. 토토는 조금 억울한 표정이지만, 도로시에 뒤질 새라 얼른 선생님의 말씀에 집중합니다.

"선생님, 그런데요. 우리는 확률 수업을 하고 있잖아요. 그런데, 왜 경우의 수부터 가르쳐 주시려는 거예요?"

토토가 아주 좋은 질문을 했구나. 그럼, 우선 확률의 정의부터 생각해 볼까?

도로시가 대답합니다.

"수학적 확률은요. 각 경우가 일어날 가능성이 같다면, 사건 A가 일어날 확률은 $\frac{\text{사건 A가 일어나는 경우의 수}}{\text{일어날 수 있는 모든 경우의 수}}$가 돼요."

그래. 수학적 확률 말고도 우리는 통계적 확률에 대해서 배웠지. 우리 주변의 생활 속의 확률은 대부분 통계적 확률을 통해 예측을 하게 되지만, 통계적 확률은 실생활의 모델화를 통해 수학적 확률과 연관을 갖는다고 했어. 우리는 이번 확률 2 수업을 통해서 수학적 확률을 깊이 있게 배울 것이고, 이를 통해 실제 생활에서 적용할 수 있는 보다 든든한 무기를 갖게 될 거야. 그런데, 도로시가 말한 수학적 확률의 정의를 보면 분자, 분모가 모두 '경우의 수' 로구나. 수학적 확률을 깊이 있게 공부를 하기 위해서는 경우의 수를 보다 기능적으로 헤아릴 수 있어야 할 거야. 아주 복잡한 경우의 수! '하루만 공부하면 토토도 셀 수 있다!' . 하하하…….

그러고 보니 아직 TV 프로그램을 안 골랐구나. 정말 내가 고르는 대로 볼 거니? 음…… 난 무한도전을 보련다. 사실, 아는 프로그램이 하나도 없어서, 그나마 들어 본 프로그램이 무한도전이야, 하하하. 무한도전 보면서 좀 쉬고 본격적으로 경우의 수에 대한 수업을 시작해 보자~.

유재석과 이효리 중에 누가 나오는 프로그램을 봐야 하는가를 놓고 다투던 토토와 도로시는 결국 이제 좀 쉬려고 했던 수학 공부를 다시 시작하게 되었습니다.

첫번째 수업 정리

1 합의 법칙

사건 A가 일어나는 경우의 수를 m, 사건 B가 일어나는 경우의 수를 n이라 하고, A와 B가 동시에 일어나는 경우가 l가지 있으면, 사건 A 또는 사건 B가 일어나는 경우의 수는

$$m+n-l$$

2 곱의 법칙

사건 A가 일어나는 경우의 수를 m, 그 각각에 대하여 다른 사건 B가 일어나는 경우의 수를 n이라 하면, 두 사건 A와 B가 동시에 일어나는 경우의 수는

$$m\times n$$

차례대로 나열하기

복잡한 줄 세우기를 쉽게 해결해 봅니다.

두 번째 학습 목표

1. 차례대로 배열하는 방법의 수를 이해합니다.
2. !팩토리알 기호를 익힙니다.

"무한! 도전~!!"

"낄낄낄."

저게 그렇게 재미있니? 재네들은 왜 자리 갖고 싸우는 거니? 시작한 지 한참 지났는데, 아직도 자리를 못 정하고 뭐하는 거냐?

"자리가 굉장히 중요하거든요. 우리 재석 오빠 옆에 있으면 카메라에 자주 잡히니까, 서로 재석 님 옆에 서고 싶어 하는 거지요. 호호호, 우리 재석 오빠는 역시 최고야~."

“그렇지만, 자리 갖고 싸우는 게 벌써 몇 분 째야…… 한심한 프로그램이야. 저렇게 무턱대고 논쟁을 하다가 언제 끝나겠어? 차근차근 하나씩 따져 보면 될 것을! 쯧쯧, 역시 재미없어.”

토토! 대단한데? 아주 중요한 말을 했어. 그래, 선생님이 보기에도 저들은 소모적인 논쟁 중이야. 한마디로 저 다섯 명이 줄을 어떻게 서야 합당하느냐를 놓고 싸우는 건데. 시작부터 지금까지 이렇게 서 보고, 저렇게 서 보고 하는데, 아까 섰던 모양을 한참 뒤에 또 서고, 또 얘기하고…….

“재미있으라고 저러는 거예요. 몰라서 저러는 게 아니라. 토토, 그럼 네가 해 봐. 어떻게 해야 저 논쟁이 빨리 끝날지!”

무한도전을 비난하는 토토와 카르다노 선생님의 말씀에 도로시는 시무룩해졌습니다.

그럼, 우리 같이 해 볼까? 저들이 좀 계획적으로 싸울 수 있도록 해 주자.

총 5명이지? 이름들이 어떻게 되니? 난 아직 다 못 외웠구나.

"재석, 명수, 형돈, 준하, 홍철이에요."

선생님은 도로시가 부르는 이름을 칠판에 적으셨습니다.

논쟁의 주제는 한마디로, 이 다섯 명이 일렬로 늘어서는 거지. 자리에 번호를 붙여 보자. 맨 왼쪽부터 1번 자리, 2번 자리, …… 5번 자리까지.

음, 저들이 논쟁을 벌이는 것은 결국, 무한도전 멤버 다섯 명과 다섯 자리를 어떻게 짝짓기 하는가의 문제이지. 그 각 방법을 적어 놓고 그 중에 어느 것이 좋은지를 따지면 되는 거야. 아마 무한도전 PD도 같은 고민을 하지 않았을까? TV에 비춰진 화면이 어떤 모양이 가장 좋은가는 중요한 문제였을 거야. 그럼 PD도 저들처럼 저렇게 무턱대고 고민했을까? 아마도 가능한 모든 짝짓기를 적어 놓고, 그것들 중에 아니다 싶은 것을 제외하고, 괜찮은 모양 몇 개를 추려 낸 다음 그것을 하나하나 고려하면서 선정하지 않았을까?

자, 우리 모두 무한도전 PD가 되어 보자. 다섯 명을 다섯 자리에 배치시키는 문제는 생각하기가 복잡하니까, 모양을 단순화시켜서 말이지. 두 명이 두 자리를 놓고 싸운다고 생각해 볼까? 지금 제일 많이 다투고 있는 형돈과 준하가 두 자리에 배치될 때, 가능한 방법은 모두 몇 가지일까?

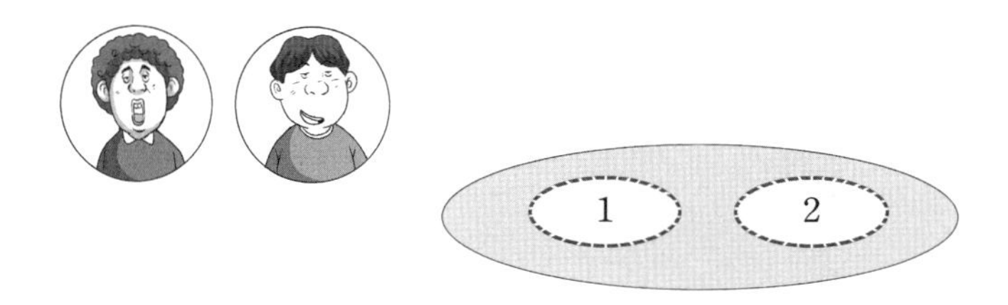

"준하가 1번 자리, 형돈이가 2번 자리 이렇게 배치될 수도 있고요, 형돈이가 1번 자리, 준하가 2번 자리 이렇게 배치될 수도 있어요. 이렇게 두 가지밖에 없는데요."

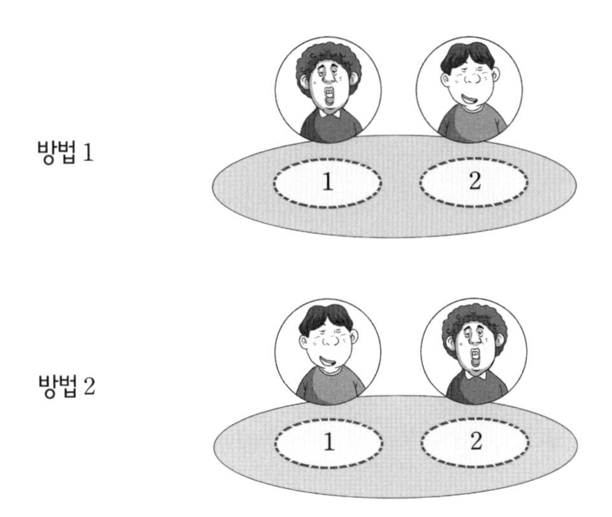

토토가 아주 잘 대답했다. 그러면, 이제 사람을 세 명으로 늘려 볼까? 이번에는 누구를 세워 볼까?

"재석 오빠, 명수, 홍철이요~."

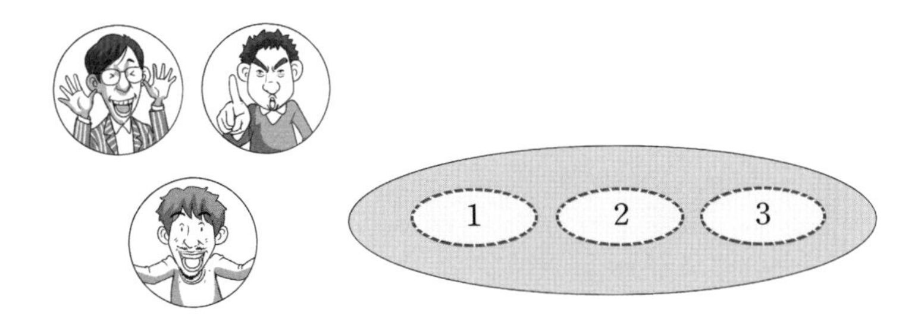

이번에는 도로시가 대답해 볼까? 이 세 명이 세 자리에 배치되는 방법은 모두 몇 가지라고 생각하니?

"음, 왼쪽부터 재석 님, 명수, 홍철, 이렇게 설 수도 있고요. 명수, 홍철, 재석 님 이렇게도 되고…… 홍철, 명수, 재석 님 순으로 이렇게도 되고."

도로시가 생각나는 대로 대답을 하는 모습을 보고 토토가 답답하다는 듯이 한마디 합니다.

"그렇게 하다가 언제 다 할래? 그렇게 생각나는 대로 세우다 보면, 했던 걸 또 할 수도 있고, 또 다했는지 아닌지도 불확실하고…… 한마디로 지금 재네들이 몇십 분 동안 하고 있는 게 그거잖아. 아이고, 아직도 하고 있어요."

하하, 토토가 제법인걸. 확률 2 수업에 들어와서 갑자기 똑똑해졌어.

그래, 토토 말대로 경우의 수를 헤아릴 때에 가장 중요한 것은 '빠뜨리지 않고, 중복되지 않게' 세는 거란다. 그러기 위해서는 계획적으로, 하나씩 고정시켜 가면서 고정시킨 것을 제외하고 나머지를 변환시키고, 그것이 다 끝나면 좀 전에 고정시켰던 것을 변환하고 또 나머지를 변형시키고…… 이런 방법으로 하면, '빠뜨리지 않고, 중복되지 않게' 경우의 수를 헤아릴 수 있지.

우선, 유재석을 1번 자리에 고정시켜 보자. 재석이 1번 자리에 배치되는 경우는 모두 몇 가지일까?

"유재석이 1번에 배치되면 2번, 3번 자리에 명수, 홍철을 배치하면 되잖아요. 그건, 아까 형돈, 준하 두 명을 배치했던 것과 마찬가지로 생각하면 두 가지가 돼요."

먼저 배치

방법 2

1 2 3

토토가 어깨를 으쓱하며 술술 설명하자, 도로시가 입을 삐죽이며 말합니다.

"그건 누가 못하냐? 문제는 재석 님이 1번 자리에만 있는 게 아니라는 거지."

토토가 지지 않고 대꾸합니다.

"끝까지 좀 들어 보시라고! 유재석이 1번 자리에 배치되면, 아까 얘기한 대로 두 가지 방법으로 나머지 사람들을 배치할 수 있어. 다른 사람이 1번에 올 수도 있지 않냐고? 당연하지. 다른 사람이 1번 자리에 올 때도 마찬가지로 생각하면 되지. 예를 들어 명수가 1번 자리에 있으면 2, 3번 자리에 재석, 홍철이가 올 수 있고, 그 경우는 두 가지야."

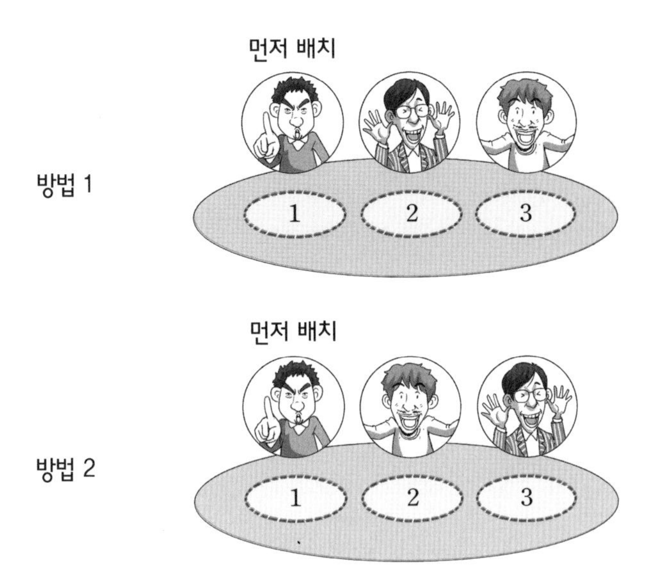

"그럼, 아직까지 1번 자리에 오지 못한 사람은? 홍철이지. 홍철이를 1번 자리에 배치해도 마찬가지로 두 가지가 있겠지."

도로시가 대답합니다.

"음…… 그럼, 1번 자리에는 총 3명이 올 수 있고, 각각 2가지씩의 방법이 있으니까, 3×2=6, 총 6가지 방법이 있는 거네?"

"그렇지! 앞에서 배운 곱의 법칙이야."

이런 이런, 내가 해야 할 말을 너희들이 다 해 버렸구나. 정리를 좀 해 볼까? 자리는 한 자리가 있고, 한 사람이 서야 한다면 몇 가지 방법이 있을까?

의아한 표정으로 도로시가 대답합니다.

"당연히 한 가지 아니에요?"

응. 잘했다. 그럼 두 자리에 두 사람이 서야 한다면?

"아까 했잖아요. 형돈/준하, 준하/형돈 이렇게 두 가지요."

그래. 두 명이니까, 간단하지? 그렇지만 그것도 차근차근 생각해 보면, 아까 세 명을 세웠던 때처럼, 1번 자리에 우선 형돈이를 고정시켜서 2번 자리에 나머지 사람을 세우는 방법, 그다음 1번 자리에 준하를 고정시키고 2번 자리에 나머지 사람을 세우는 방법으로 생각할 수도 있단다. 그럼 2×1가지 방법이 있다고 생각할 수 있지.

이제 세 명을 세 자리에 세운다면? 아까 했던 것처럼 생각하면 1번 자리에 3명이 올 수 있고, 그 각각에 대해서 2번 자리에 두 명이 올 수 있어, 그리고 3번 자리에 남은 한 명을 세운다고 생각하면, 3×2×1가지가 되지.

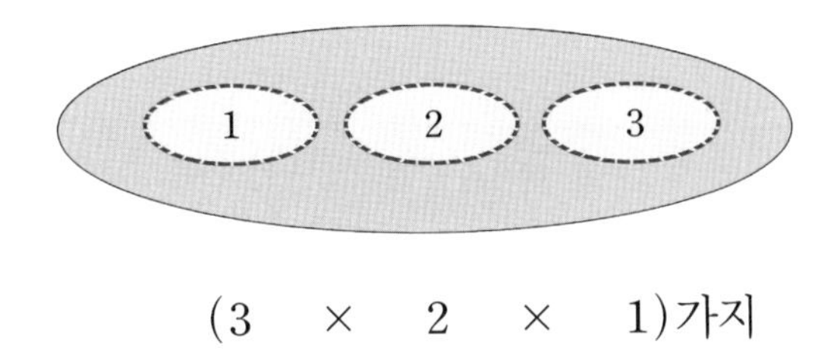

(3 × 2 × 1)가지

그럼, 이제 우리가 원래 생각하려 했던 무한도전 멤버 다섯 명을 다섯 자리에 세우는 것을 생각해 볼까? 사람은 다섯 명, 자리도 1번 자리부터 5번 자리까지 다섯 자리가 있다. 총 몇 가지가 있는지 대답해 볼 사람?

토토와 도로시 모두 골똘히 생각에 잠깁니다. 얼마나 시간이 흘렀을까? 둘이 서로 자기가 대답하겠다며 손을 들고 "저요! 저요!"를 외쳐댑니다. 한 명만 시켰다가는 또 싸울까 봐 결국 가위바위보로 대답할 사람을 선정하기로 하고, 이긴 도로시가 대답합니다.

"1번 자리에 5명이 올 수 있죠. 그 각각에 대해서 2번 자리에 4명이 올 수 있고요, 또 그 각각에 대해서 3번 자리에 3명이 오고, 4번 자리에 2명, 1번 자리에 한 명이 오니까, 5×4×3×2×1가지가 돼요. 음하하하!"

도로시가 이제야 몸이 풀리는가 보구나! 아주 잘했어. 도로시가 중요한 발견을 했구나. 그럼, 이것을 가지고 공식을 만들 수 있지 않을까? 일단, 무한도전 멤버가 100명이 있는데, 그들이 한 줄로 줄을 서야 한다면 서로 다른 줄 서기 방법은 몇 가지나 있을까?

이번에도 도로시에게 선수를 뺏길세라 토토가 얼른 대답합니다.

"100×99×98×97×…×3×2×1가지예요. 헥헥……."

100부터 1까지 거꾸로 곱하기를 말한 토토는 숨이 차서 헥헥거립니다. 그 모습을 바라보던 도로시는 배꼽을 잡고 웃어대며 말합니다.

"그냥 100부터 1까지 거꾸로 곱한다고 말하면 될 것을…… 하하하하!"

토토도 잘 했고, 도로시도 잘 대답했어. 그래. 100명이니까 망정이지, 10,000명이 줄을 섰다가는 토토 숨넘어갔겠구나. 하하

하. 자, 이제 토토를 구해 주자. 100부터 1까지 거꾸로 곱하는 것을 이제부터 100!으로 표시하기로 하자.

"100느낌표요?"

응. 이 '!' 기호는 '팩토리알Factorial'이라고 읽는단다. 100!은 $100 \times 99 \times 98 \times 97 \times \cdots \times 3 \times 2 \times 1$을 간단히 표현한 것이야. 그럼 이제 진짜 공식을 만들어 보자. n명이 있어. n명이라 함은 몇 명인지는 정해지지 않았지만, n이라는 자연수만큼의 사람이 있다는 뜻이야. 이 n명을 나란히 세우려고 하는데, 총 몇 가지 방법이 있을까?

"그거야 간단하죠! 100명도 세웠는데…… 히히, 정답은 $n!$ n팩토리알입니다! 즉, n부터 1까지 곱하라는 뜻으로 $n \times (n-1) \times (n-2) \times \cdots \times 3 \times 2 \times 1$이 되죠."

서로 다른 n개를 순서 있게 늘어놓는 경우의 수는

$$n! = n \times (n-1) \times (n-2) \times \cdots \times 3 \times 2 \times 1$$

그럼, 사람만 줄 세울까?

"아니요! 장난감도 세워요. 책도 세우고요."

“여기 수학책, 영어책, 국어책이 있는데요. 이 책 세 권을 나란히 줄 세우는 방법은 모두 $3!=3\times2\times1=6$가지예요.”

그래. 그런데, 이 공식은 이렇게도 생각해 볼 수 있어. 꼭 줄 세울 때만 이 공식이 사용되는 게 아니란다. 방금 수학, 영어, 국어 책들을 줄 세웠지? 토토가 오늘 집에서 국어, 영어, 수학 세 과목을 공부하려고 하는데, 어느 과목부터 공부할까? 토토는 몇 가지 방법을 놓고 고민을 할 것인가?

“아, 저, 오늘 공부해야 하는 거예요? 음, 국어부터 할까? 아님, 수학하고 나서? 국어? 영어부터 해야 하나? 아, 방금 책 세 권을 줄 세웠잖아요. 그 방법대로 세 과목을 줄 세운다고 생각하면 마찬가지로 $3!=3\times2\times1=6$가지 방법이 있어요.”

토토가 카르다노 선생님의 질문에 열심히 대답하고 있는 모습이 보기 싫었는지 도로시는 어느새 TV에 시선을 빼앗기고 있습니다.

“무한도전 멤버들이 이제 도전을 시작하려나 봐요. 서울 시내에 시청, 남산 꼭대기, 숭례문, 청계천을 먼저 다녀오는 사람이 이기는 게임인가 봐요. 히히, 각자 어떻게 다녀와야 이길지 머리를 쓰고 있는데요. 하지만, 결과는 보나마나 재석 님이 이길 게 뻔해요."

그럼, 어떻게 돌아와야 하는지 네가 생각해 볼래? 멤버들이 시청, 남산, 숭례문, 청계천을 돌아오는 방법은 몇 가지나 있을까?

"음…… 이것도 줄 세우기로 생각하면 안 될까요? 시청, 남산, 숭례문, 청계천을 줄 세워서 그 순서대로 돌아오면 되잖아요."

"그럼, 네 명이 줄서는 것과 마찬가지이니까, $4!=4\times3\times2\times1=24$가지나 되네요!"

이제 다들 줄 세우기의 박사가 된 것 같은데! 하하. 그럼, 우리 제일 처음에 고민했던 답을 다시 생각해 볼까? 무한도전 멤버들은 이미 자리배치를 끝내고 도전을 시작했지만 그들 다섯 명이 일렬로 늘어서는 방법은 $5\times4\times3\times2\times1=120$가지나 되는 것이겠구나.

"하지만, 선생님. 사실, 120가지나 필요 없어요. 아마 무한도전 PD도 그 120가지를 모두 고려하지는 않았을 거예요. 왜냐하면, 우리 재석 오빠는 무조건 가운데 자리여야 하거든요. 주인공이니까 가운데는 당연한 거 아닌가요? 음하하하!"

"그리고, 박명수도 2인자로 불리면서 꼭 유재석 옆에 서더라고요. 요새 박명수의 인기가 좀 많으니까 PD도 가장자리로는 안 보낼 거 같아요. 그럼, 명수는 2번 자리나 4번 자리에 서게 될 거예요."

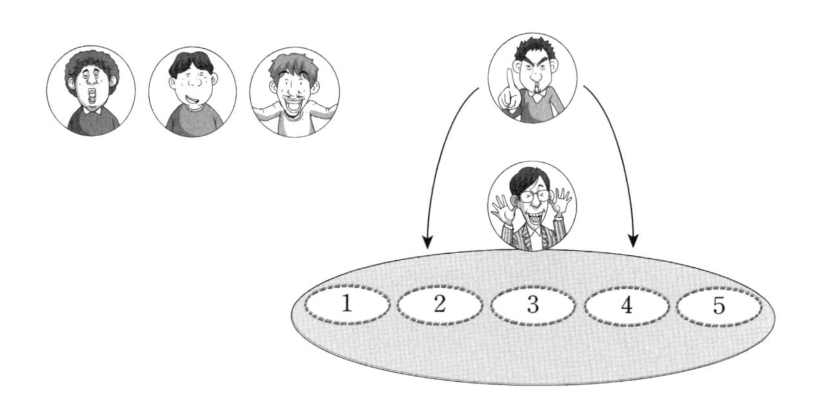

그럼, 이렇게 생각하면 되겠구나. 우선, 재석, 명수부터 세우

고, 그 각 경우에 대해서 나머지 3명을 세우는 거야. 재석이가 3번 자리에 오는 경우는 모두 1가지이지? 그리고 그 경우에 대해서 명수가 2번이나 4번에 오는 경우는 2가지이고. 즉, 재석은 가운데, 명수는 그 옆에 서게 하는 방법은 모두 2가지란다.

이제, 나머지 자리에 세 명을 세워 볼까? 재석과 명수가 서고 난 다음에 남은 자리는 세 자리이지. 세 명이 그 세 자리에 줄 서면 되는 거니까, $3\times2\times1$가지가 되지. 이제 곱의 법칙을 다시 한 번 생각하면, 재석과 명수부터 세운 2가지 각각에 대해서 나머지 세 명이 서는 $3\times2\times1$가지가 있는 거니까, $2\times(3\times2\times1)=2\times6=12$가지가 된단다.

"선생님! 이제 줄 세우기는 자신 있어요. 하하하! 몇 개를 줄 세우든 그 숫자부터 거꾸로 곱하기만 하면 돼요. 좀 복잡한 경우는 곱의 법칙을 잘 이용하면 되고요."

도로시가 아주 잘 이해했네! 우리 조금 쉬고, 줄 세우기를 업그레이드 시켜 볼까?

"줄 세우기가 아직 다 안 끝난 거예요? 복잡한 것도 할 수 있는 줄 알았는데."

토토와 도로시는 더 배울 것이 있다는 선생님의 말씀에 실망했지만, 언제 그랬냐는 듯이 다시 TV 리모컨을 갖고 싸우고 있었습니다.

두번째 수업 정리

1 $n!$ n 팩토리얼

n부터 1까지 곱하라는 뜻.

$$n! = n \times (n-1) \times (n-2) \times \cdots \times 3 \times 2 \times 1$$

(n은 자연수)

2 서로 다른 n개를 순서 있게 늘어놓는 경우의 수

$$n! = n \times (n-1) \times (n-2) \times \cdots \times 3 \times 2 \times 1$$

3 복잡한 줄 세우기는 곱의 법칙을 이용합니다.

순열

순열의 의미와 기능에 대해서 알아봅니다.

세 번째 학습 목표

1. 뽑아서 순서대로 배열하는 경우의 수를 이해합니다.
2. 순열의 공식이 어떻게 유도될 수 있는지 공부합니다.

자, 이제 TV 그만 보고 공부 시작하자!

"선생님, 이것만 보고요. 이제 올림픽 경기 중계하는데, 선생님도 좀 보고 하시죠? 지금 양궁 단체전 4강전 할 건데."

그래? 여자 단체전이구나. 어느 나라들이 4강에 올랐니?

"우리나라, 중국, 영국, 프랑스요. 이 네 나라 중에 금, 은, 동메달이 나오겠죠. 토토, 너는 어느 나라들이 어떤 메달을 딸 거라고 생각하니?"

TV를 좀 더 보고 싶은 도로시가 올림픽 이야기로 시간을 끌어 봅니다.

"음…… 우리나라가 당연히 금메달이겠고, 은메달은 아무래도 개최국의 이점이 있으니까 중국? 그리고 사실, 우리나라가 양궁을 잘 한다는 것은 알지만 다른 나라들의 실력은 잘 모르겠어."

우리나라가 금메달을 땄으면 좋겠지만 항상 방심은 금물! 모두 정상급의 실력을 가진 나라들이니까, 모두 금메달을 딸 수도 있는 거지. 가능한 시나리오를 모두 생각해 볼까?

카르다노 선생님은 올림픽 이야기에 빠져 들어서 확률 수업을 해야 한다는 것도 잊으신 것 같더니, 어느새 칠판에 적기 시작합니다.

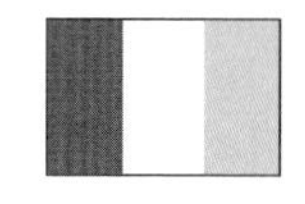
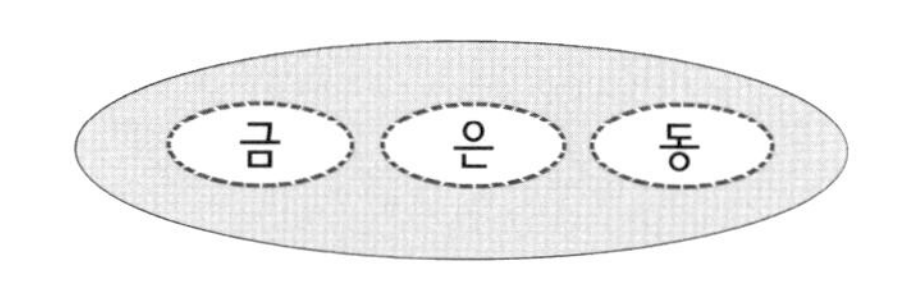

금, 은, 동메달을 아까 무한도전 멤버들을 세우는 것처럼 자리로 생각해 보고, 네 나라를 금, 은, 동메달 자리에 앉힌다고 생각하는 거야.

"그런데요, 선생님. 아까는 멤버 다섯 명이 모두 다 서는 거였잖아요. 하지만 이번엔 나라는 4개인데, 자리는 세 자리밖에 없어요. 그럼, 한 나라는 못 서는 거고……."

그래. 바로 그거야. 이전 수업에서 아직 안 배운 게 그거지. '여러 명 중에서 몇 명만 뽑아서 줄 세우기' 라고나 할까? 아직 안 배웠다고는 하지만 너희들이 충분히 생각할 수 있는 거란다. 그리고 그것을 공식으로 만드는 것이 이번 시간에 할 일이고.

자, 우선 금메달부터 정해 볼까? 물론 우리나라가 가장 강력한 금메달 후보지만, 금메달의 가능성은 모든 나라에게 열려있는 것이니, 금메달 자리에 올 수 있는 나라는 모두 네 나라이지.

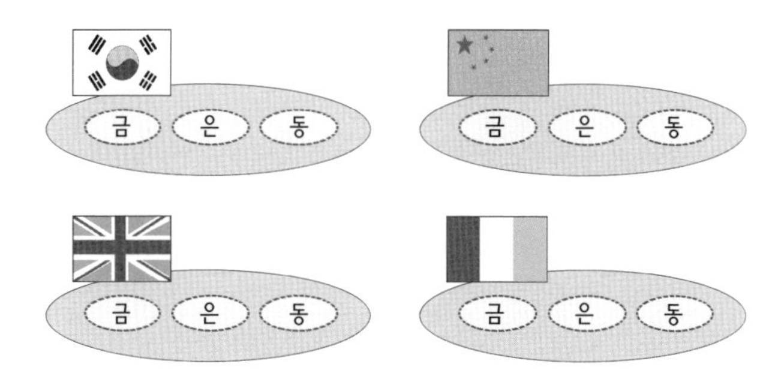

금메달 자리에는 이 네 가지 모두, 남은 자리는 은메달, 동메달 두 자리.

남은 나라는?

"금메달 자리에 한 나라가 왔으니까, 남은 자리는 두 자리이고, 남은 나라는 세 나라예요."

그래. 나머지에 대해서도 마찬가지로 생각해 보자. 금메달은 정해졌다고 생각하고, 은메달을 딸 수 있는 나라는, 금메달 자리에 선 나라를 제외한 세 나라가 되겠지. 동메달도 마찬가지로 금메달과 은메달 자리에 선 두 나라를 제외한 나머지 두 나라 중에 한 나라가 설 수 있고. 그러면 네 나라가 겨뤄서 금, 은, 동메달을 정하는 경우의 수는 네 나라가 세 자리에 줄 서는 경우와 같고…… 그렇다면 계산은?

도로시가 얼른 대답합니다.

"금메달 자리에 네 나라, 그 각 경우에 은메달 세 나라, 또 그 각 경우에 동메달 두 나라이니까, 곱의 법칙을 사용해서 $4\times3\times2=24$예요."

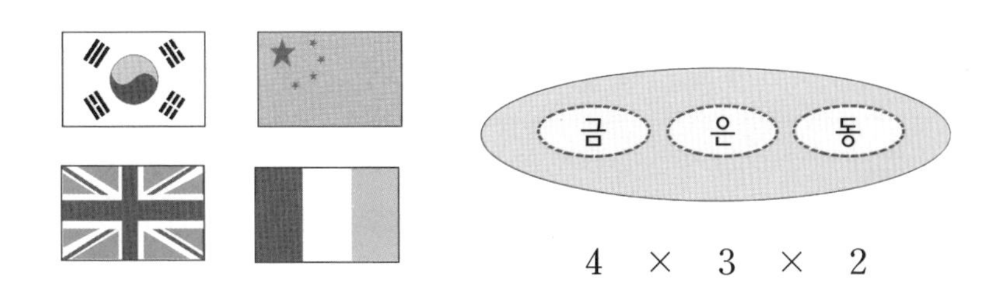

오~ 도로시가 아주 잘 하는구나. 내친김에 나라를 좀 늘려 볼까? 8강전이라고 생각해 보자. 여덟 나라가 있는데, 이들 나라들이 금, 은, 동메달을 따는 시나리오는 몇 가지가 있을까?

이번에는 토토가 대답합니다.

"금, 은, 동메달. 자리는 세 자리예요. 그리고 줄을 서야 하는 나라는 여덟 개. 4강전과 마찬가지로 우선 금메달을 딸 수 있는 나라는 8개. 그 각각에 대해서 은메달을 딸 수 있는 나라는 금메달을 딴 한 나라를 제외한 7개, 그 각각에 대해서 동메달을 딸 수 있는 나라는 6개가 되지요. 따라서 가능한 시나리오는 모두 $8 \times 7 \times 6$가지예요."

카르다노 선생님의 물음에 척척 대답하며 즐거워하던 도로시가 골똘히 생각에 잠기더니 질문을 합니다.

"그런데요 선생님. 그럼, 메달이 세 개가 아니라 만약 5위까지 시상을 한다면요. 계산을 어떻게 해야 할까요?"

도로시의 질문에 토토도 잠시 고민을 하더니 신이 나서 대답을 합니다.

"그건 내가 대답할게. 출전한 나라가 8개, 5위까지 시상을 한다. 그러면, 자리는 다섯 자리, 줄서야 할 나라는 여덟 나라인 거지. 1등 자리에 모두 여덟 나라가 올 수 있고, 그 각 경우에 2등 자리에는 일곱 나라, 또 그 각 경우에 대해서 3등 자리에 여섯 나라…… 이런 식으로 생각하면, $8 \times 7 \times 6 \times 5 \times 4$가지가 되지. 다시 말하면, 8부터 거꾸로 곱하는데 5개를 곱하면 되는 거야. 음하하하!"

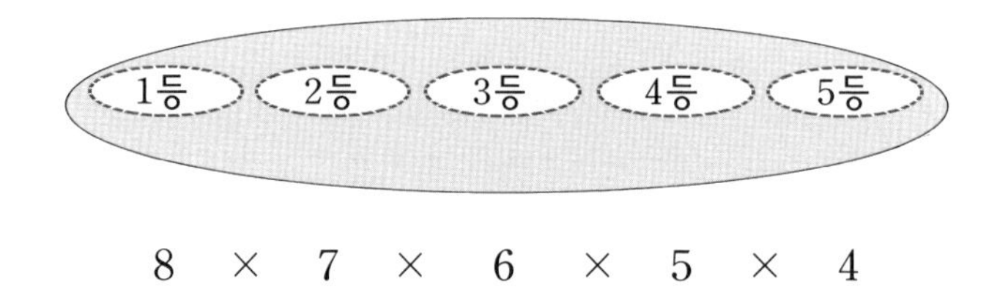

오~ 좋은 질문을 한 도로시도 잘했고, 토토의 대답도 아주 완벽하구나. 역시 훌륭한 선생님이 가르치니 학생들도 훌륭해!

"선생님! 뭐예요…… 히히. 이제 공식으로 만드는 걸 가르쳐 주세요."

그래. 이만하면, 준비운동은 확실히 된 것 같고, 공식으로 만들기 전에 기호부터 배워 보자. 이전 시간에 우리는 '!' 기호를 배웠지. 읽기는 '팩토리알' 이라고 했고, 이번에는 'P' 라는 기호란다.

"그냥 '피' 요?"

응. 퍼뮤테이션Permutation이라고 하지. 이게 어떻게 쓰이는가 하면, 아까 여덟 나라 중에서 금, 은, 동메달 세 개 나라를 정하는 경우의 수에 대해 생각해 보자. '8개 중에서 3개를 뽑아 줄 세우는 경우의 수' 는 ${}_8P_3$으로 표시할 수 있단다. 순서대로 나열한다고 해서 '순열' 이라고도 해. '8개에서 3개를 택한 순열' .

"그럼 8개 나라 중에서 5등까지 정하는 경우의 수는 ${}_8P_5$, 즉 8개에서 5개를 택하는 순열이라고 할 수 있겠네요?"

그렇지. 그럼, 기호를 보고 계산을 해 볼까? 아까 8개 중에서 3개를 줄 세우는 것은 8부터 거꾸로 3개를 곱했지?

즉, ${}_8P_3 = 8 \times 7 \times 6$이 된단다.

자, 연습해 볼까? 도로시네 반 학생이 30명인데, 그 중에 회장, 부회장을 뽑는 방법은 모두 몇 가지가 있을까?

"물론, 제가 회장이 되어야 하지만 뭐, 누구에게나 기회는 주어진 거니까 30명 중에 두 명을 줄 세우는 것으로 생각하면, ${}_{30}P_2$가 되고요. ${}_{30}P_2 = 30 \times 29$가 돼요."

그래, 아주 잘하는구나. 이제 좀 다른 것을 연습해 보자.

카르다노 선생님은 다음과 같이 칠판에 쓰셨습니다.

$$\frac{6!}{4!}$$

"엥? 팩토리알이 분수 속에 들어가 있네요? 어떻게 계산해요?"

토토가 당황해 하자, 도로시가 자신만만하게 칠판 앞으로 나갑니다.

"이것쯤이야, 제가 토토에게 가르쳐 주죠!"

$$\frac{6!}{4!}=\frac{6\times5\times\cancel{4\times3\times2\times1}}{\cancel{4\times3\times2\times1}}=6\times5$$

도로시가 아주 잘 했구나. 결국 $\frac{6!}{4!}=6\times5$가 됐네. 그럼, 이제 $\frac{10!}{6!}$을 생각해 볼까?

토토가 나섭니다.

"이번에는 제가 해 볼게요."

하하, 아니 아니, 이번에는 선생님이 조금씩 써 가며 해 볼게.

$$\frac{10!}{6!}=\frac{10\times9\times8\times7\times6\times5\times4\times3\times2\times1}{}$$

여기까지 쓰신 선생님은 토토와 도로시에게 질문을 합니다.

자, 분자부터 살펴보자. 분자에는 10!을 풀어서 써 보았단다. 분모에는 6!이나, 6!을 풀어서 쓴 내용이 적히겠지? 다시 분자를 가만히 들여다보렴.

토토와 도로시가 칠판을 뚫어져라 쳐다봅니다.

"선생님 분자에 6! 이 들어 있어요."

아주 잘했다, 도로시! 그래, 이렇게 생각할 수 있지.

$$\frac{10!}{6!}=\frac{10\times9\times8\times7\times\overbrace{6\times5\times4\times3\times2\times1}^{6!}}{6!}=10\times9\times8\times7$$

$\frac{10!}{6!}$을 칠판에 적은 것처럼 차근차근 생각해도 되겠지만, 이제 이렇게 생각해 보자.

$\frac{10!}{6!}=10\times9\times8\times7$이 되는데, 결국 10부터 거꾸로 4개를 곱한 것이 되었지, 이 네 개라는 것은…….

"아! 선생님, 4는 분자의 숫자인 10에서 분모의 숫자인 6을 뺀 것과 같아요. 아까, $\frac{6!}{4!}=6\times5$이었잖아요. 마찬가지로 6부터 거꾸로 두 개를 곱한 것과 같았는데, '곱하는 개수 두 개' 는 '분자의 6에서 분모의 4를 뺀 것' 과 같아요."

"그런데요, 선생님. 지금 이거 왜 하는 거예요?"

하하, 도로시도 잘 대답했고, 토토의 질문도 좋아. 그래, 우리는 경우의 수를 배우고 있었는데, 갑자기 약분하는 것을 연습했지. 왜 그랬느냐 하면 열 명이 있는데, 이 중에 4명을 뽑아 줄을 세우는 경우의 수는 어떻게 되지?

"그건 이미 배운 거잖아요. ${}_{10}P_4=10\times9\times8\times7$이 되죠. 어라? 좀 전에 연습한 $\frac{10!}{6!}$과 결과가 같네요? 그럼, ${}_{10}P_4=\frac{10!}{6!}$이네요."

"그럼, 혹시. 예를 들어, ${}_{20}P_9=\frac{20!}{11!}$ 인가요?"

그래, 맞단다. 근데, 토토, 분모의 11!은 어떻게 생각한 거지?

"아까 $\frac{10!}{6!}$은 약분하고 나면 10부터 4개를 곱하는 거였잖아요. 그건 10명이 있는데, 4명을 뽑아 줄 세우기와 같고, 그래서 ${}_{10}P_4$가 된 거고요. 거꾸로 생각을 해보면, ${}_{10}P_4$는 10부터 거꾸로 4개를 곱하는 것이고, 그건 10!을 다 써 놓고 약분을 해서 10부터 큰 것 4개가 남아야 하니까 $\frac{10!}{6!}$와 마찬가지가 되겠죠. 똑같이 생각하면 ${}_{20}P_9$는 20부터 거꾸로 9개를 곱하는 것이고, 이건 20!을 다 써 놓고 11!을 약분시키면 되고요, $\frac{20!}{11!}$이 되지요."

우리 토토가 나날이 훌륭해지는 걸? 자, 이제 공식으로 만들어 볼까?

n명이 있고, 그 중에서 r명을 뽑아 줄을 세운다고 하면 그 경우의 수는 어떻게 구할 수 있을까?

도로시가 대답합니다.

"우선, ${}_nP_r$이 되고요. 이건 n부터 거꾸로 곱하는데 r개를 곱해야 해요. 그럼 $n!$을 다 써 놓고, 약분을 시켜서 n부터 r개만 남기면 되니까 $(n-r)!$을 약분시키면 돼요. 즉, ${}_nP_r=\frac{n!}{(n-r)!}$이 돼요!"

도로시가 아주 정확히 말했어.

중요 포인트

순열

서로 다른 n개에서 r개를 택해서 순서대로 나열하는 방법의 수는

$${}_nP_r=\underbrace{n(n-1)(n-2)\times\cdots\times(n-r+1)}_{r\text{개}}=\frac{n!}{(n-r)!}$$

자, 이번 시간도 어느덧 마무리 할 때가 되었어.

"와우! 벌써요? 근데, 올림픽 양궁은 어떻게 되었지? 공부하느라 TV는 혼자 떠들고 있는데요?"

"우리나라가 결승에 진출했어. 난 틈틈이 봤지. 히히."

너희들이 워낙 잘하니까, 이거 하나만 풀고 끝내자. 이것만 맞히면 수업 끝!

확률 1 수업 때는 여행하느라 시간 가는 줄 몰랐는데, 이번 수업은 집에서만 하려니 좀이 좀 쑤시는군. 그래서 확률 2 수업이 끝나면 세계여행을 해 보려 하는데 베트남, 라오스, 인도, 덴마크, 핀란드, 노르웨이, 이집트, 가나, 남아공, 칠레, 네팔 이렇게

11개 국가 중에서 4개 나라를 돌아보려고 해. 그런데, 어떤 나라부터 시작해 어떤 순서로 돌아오느냐까지 생각해서 계획을 세워야 하는데, 나는 몇 가지를 적어 놓고 고려해야 할까?

"아싸! 선생님, 너무 쉬운 거 아니에요? 한마디로 11개 나라 중에서 4개 나라를 뽑아 줄 세우라 이거잖아요."

토토는 얼른 쉬고 싶은 마음에 분필을 잡고 칠판에 문제를 풀기 시작합니다.

$$_{11}P_4=\frac{11!}{(11-4)!}=\frac{11!}{7!}=11\times10\times9\times8=?$$

"에구에구, 계산은 샘이~!"

하하하, 나도 계산기를 두드려야 하겠는걸.

정답은 7,920가지야. 에이, 여행은 그냥 포기해야겠다…….

세번째 수업 정리

순열

서로 다른 n개에서 r개를 택해 순서대로 나열하는 방법의 수는

$$ {}_{n}P_{r} = \underbrace{n(n-1)(n-2)\times\cdots\times(n-r+1)}_{r\text{개}} = \frac{n!}{(n-r)!} $$

조합

조합의 기능에 대해서 알아봅니다.

네 번째 학습 목표

1. 순열과 조합의 차이를 알아봅니다.
2. 조합의 공식이 어떻게 유도될 수 있는지 공부합니다.

자, 이제 수업을 시작해 볼까? 어이구, 또 TV 앞에 붙어 있니? 안 되겠다. 바깥 공기 좀 쏘여야지. 너희들이 아까 요리해 달라고 했었지? 내가 할 줄 아는 요리는 없지만 최선을 다해 만들어 보마. 마트에 가서 요리할 거리를 찾아보자.

"와~! 나가요! 근데, 뭐 해 주실 거예요?"

음…… 말했잖니. 할 줄 아는 건 없다고. 일단 마트에 가서 요리 재료들을 보면서 뭘 할 수 있을지 생각해 보려고.

도로시는 토토 귀에 대고 속삭였습니다.

“난 선생님 댁에 들어온 순간부터 알아 버렸어. 카르다노 선생님은 수학 문제 풀 때만 철저하신 분이라는 걸. 이렇게 지저분한 집은 처음이거든.”

“사실, 나도 선생님이 요리해 주신다는 게 그다지 반갑지만은 않아. 늘 덜렁대고 지저분하시고…….”

그래도 선생님의 차를 타고 밖으로 나온 토토와 도로시는 소풍이라도 가는 것처럼 콧노래를 부릅니다. 마트에 도착한 일행은 요리 준비를 위해 식품 코너로 향했습니다.

애들아, 내가 오늘은 웰빙 식단을 준비해 보려고 해. 너희들 만날 인스턴트식품만 먹으니까 배가 나오고 머리도 안 좋아지지. 그래서 수학 문제 푸는데 두뇌 회전도 안 되고. MSG가 얼마나 안 좋은 건지 아니? …… 어쩌구 저쩌구.

“와~! 아이스크림 떨이 판매래!”

식품 안전성에 대해서 열변을 토하고 있는 카르다노 선생님을 두고 아이들은 아이스크림 판매대로 달려갔습니다.

"골라~ 골라~ 아무 거나 골라. 무조건 세 개에 천 원!"

"우와~ 한 개에 오백 원짜리를 세 개에 천 원에 팔다니. 너, 돈 있어? 아, 선생님……."

식품 안전성에 대해 열변을 토하던 선생님도 아이들을 따라서 아이스크림 판매대로 왔습니다.

이런 걸 만날 먹으니까 이빨이 썩고, 배도 나오고…… 쯧쯧…….

"배는 선생님이 더 나오신 거 아니에요? 그건 그렇고 선생님, 이거 보세요. 한 개에 오백 원짜린데, 세 개에 천 원이래요. 이거만 사 주시고 웰빙 식사해요, 네?"

으이그, 너희들 때문에 내가 다이어트를 못 해요. 그래, 골라봐라. 이번이 마지막 불량식품이다!

"와~ 감사합니다! 어떤 걸로 고를까? 아, 다 맛있어 보이는데 어떡하지?"

"세 개 다 다른 걸로 골라서 세 개 다 맛보자. 누구바, 바라바, 비빔바 이렇게 세 개 어때?"

"난 고고콘, 바바박, 세계콘 이렇게 세 개 먹고 싶은데."

"그럼, 누구바, 고고콘, 세계콘은 어떨까?"

이런 이런, 이거 또 싸우겠구나. 이러다가는 오늘 내로 웰빙 식사 못 하겠다. 자, 가능한 조합을 다 써 보자.

카르다노 선생님은 어느새 노트와 필기구를 꺼내셨습니다. 수학 아이디어가 떠오르면 길을 가다가도 노트를 꺼내는 선생님이십니다. 선생님은 뭔가를 노트에 적기 시작했습니다.

"선생님, 뭘 적으시는 거예요?"

응, 너희들이 선택할 수 있는 아이스크림 조합을 적어 보는 거야. 이 중에서 골라 보라고.

"몇 가지나 되는데요?"

응? 그건 말이지. 아하! 너희들 아직 이걸 안 배웠구나. 잘 됐다. 우리 이번 기회에 이거나 배워 보자. 이렇게 궁금할 때 배워야 진짜 너희들의 지식이 되는 법이지! 자, 그러니까 말이다…….

"정말 여기서요?"

선생님은 평소와는 다르게 재빠른 움직임으로 마트의 푸드 코트로 가서 자리를 잡습니다. 아이들도 할 수 없이 뒤따라가 선생님 옆에 앉습니다.

사실, 내가 적고 있었던 것은 내가 좋아하는 아이스크림이었단다. 하하. 음, 아무튼 우리가 지금 하고 싶은 것은 뭐냐 하면 저 아이스크림 통에서 세 개를 골라내는데, 모두 다른 종류로 하고 싶은 거지? 그럼, 우선 알아야 할 것이 저 아이스크림 통 안에 아이스크림이 모두 몇 종류가 있느냐 하는 거지. 몇 가지니?

"쩝, 전 제가 좋아하는 것만 보느라 전체가 몇 종류인지는 모르겠어요."

"어…… 그러니까 누구바, 바라바, 비빔바……."

이럴 줄 알았어요. 그럴 줄 알고 내가 진즉에 세어 봤지. 모두 열 종류가 있단다. 우리가 궁금해 하는 것은, 과연 이 열 가지의 아이스크림들 중에서 세 가지를 고르는 방법이 모두 몇 가지인가야. '10개 중에서 3개를 택하는 경우의 수!' 이거지.

"그건 바로 전 시간에 배운 거 아닌가요? $_{10}P_3$이요."

"바보야, 그건 10개 중에 3개를 택해서 순서대로 나열하는 방법의 수잖아. 우리가 지금 해야 하는 건 10개 중에 그냥 택하기만 하는 거고. 아이스크림을 세 개 골라내면 되는 거지, 그걸 줄 세울 필요는 없다고!"

"뭐? 바보라고? 왜 이러셔? 난 세 개를 먹는 순서도 중요하다고 봐."

하하, 됐다. 또 싸우는구나. 언제쯤 사이좋게 지낼래? 아무튼 아이스크림 먹는 순서도 중요하다면 토토 말대로 지난 시간에 배운 걸로 되겠지만. 우리는 그 순서보다, 그냥 세 개를 고르는 문제 때문에 고민인 거였지.

10개 중에 세 개를 고르는 경우의 수! 그런데 10개 중에 3개를 고르는 것은 한 번에 생각하기 좀 복잡할 수도 있으니까, 우선 내가 좋아하는 '누구바, 바라바, 고고콘, 세계콘' 이 네 가지 아이스크림 중에서 3개를 고르는 경우를 생각하자.

"전 먹는 순서가 제일 중요하거든요! 전 세 개를 골라서 순서대로 나열하는 거 할래요."

도로시에게 무시당한 것이 끝내 속상한지 토토는 선생님의 노트를 자기 앞으로 가져와 열심히 적습니다. 카르다노 선생님은 토토가 적는 것을 바라보고만 있습니다. 그리고 다 적어갈 때 쯤 말을 꺼냅니다.

방법1	누구바 바라바 고고콘	방법13	고고콘 누구바 바라바
방법2	누구바 바라바 세계콘	방법14	고고콘 누구바 세계콘
방법3	누구바 고고콘 바라바	방법15	고고콘 바라바 누구바
방법4	누구바 고고콘 세계콘	방법16	고고콘 바라바 세계콘
방법5	누구바 세계콘 바라바	방법17	고고콘 세계콘 누구바
방법6	누구바 세계콘 고고콘	방법18	고고콘 세계콘 바라바
방법7	바라바 누구바 고고콘	방법19	세계콘 누구바 바라바
방법8	바라바 누구바 세계콘	방법20	세계콘 누구바 고고콘
방법9	바라바 고고콘 누구바	방법21	세계콘 바라바 누구바
방법10	바라바 고고콘 세계콘	방법22	세계콘 바라바 고고콘
방법11	바라바 세계콘 누구바	방법23	세계콘 고고콘 누구바
방법12	바라바 세계콘 고고콘	방법24	세계콘 고고콘 바라바

토토가 적고 있는 것은 '아이스크림 네 개 중에서 세 개를 골라서 순서대로 나열' 하는 거지. 몇 개나 나올까?

그래, ${}_4P_3=4\times3\times2=24$개가 나오겠지. 토토, 24개 모두 다 적었니?

"헥헥, 예. 정말 24개네요? 히히."

"토토. 그거 하는 거 아니라는데, 정말 24개를 다 적었단 말이야? 이 바보!"

〈누구바, 바라바, 고고콘, 세계콘 중에서 세 개를 골라 순서대로 나열하기〉

방법1	누구바 바라바 고고콘	방법13	고고콘 누구바 바라바
방법2	누구바 바라바 세계콘	방법14	고고콘 누구바 세계콘
방법3	누구바 고고콘 바라바	방법15	고고콘 바라바 누구바
방법4	누구바 고고콘 세계콘	방법16	고고콘 바라바 세계콘
방법5	누구바 세계콘 바라바	방법17	고고콘 세계콘 누구바
방법6	누구바 세계콘 고고콘	방법18	고고콘 세계콘 바라바
방법7	바라바 누구바 고고콘	방법19	세계콘 누구바 바라바
방법8	바라바 누구바 세계콘	방법20	세계콘 누구바 고고콘
방법9	바라바 고고콘 누구바	방법21	세계콘 바라바 누구바
방법10	바라바 고고콘 세계콘	방법22	세계콘 바라바 고고콘
방법11	바라바 세계콘 누구바	방법23	세계콘 고고콘 누구바
방법12	바라바 세계콘 고고콘	방법24	세계콘 고고콘 바라바

아니다, 내가 하려던 걸 토토가 대신했을 뿐이야. 수고했다 토토. 하하. 어디 보자. 제대로 잘 적었구나. 이렇게 잘 적는 것도 쉬운 일이 아니란다. 빠뜨리지 않고, 겹치지 않게! 배운 대로 잘 했구나. 토토.

"선생님, 그런데요. 토토만 순서가 중요하다고 우기는 거지, 사실, 우리에게 중요한 건 그냥 세 개를 고르기만 하는 거잖아요. 어차피 세 개 놓고 다 맛볼 건데, 토토는 엄한 곳에 힘쓴 거예요. 보세요. 방법 1에도 '누구바, 바라바, 고고콘' 이 선택되었고요. 방법 3에도 '누구바, 바라바, 고고콘' 이 선택되었어요. 어라? 방법 7에도 있고."

그래, 도로시가 아주 중요한 말을 했구나. 그렇다고 토토가 헛고생을 한 것은 아니니 안심해라. 그래, 우리 토토가 적어 놓은 이 노트의 리스트에서 '누구바, 바라바, 고고콘' 이 선택된 곳에 색칠을 해 볼까?

방법1	누구바 바라바 고고콘	방법13	고고콘 누구바 바라바
방법2	누구바 바라바 세계콘	방법14	고고콘 누구바 세계콘
방법3	누구바 고고콘 바라바	방법15	고고콘 바라바 누구바
방법4	누구바 고고콘 세계콘	방법16	고고콘 바라바 세계콘

방법5	누구바 세계콘 바라바	방법17	고고콘 세계콘 누구바
방법6	누구바 세계콘 고고콘	방법18	고고콘 세계콘 바라바
방법7	바라바 누구바 고고콘	방법19	세계콘 누구바 바라바
방법8	바라바 누구바 세계콘	방법20	세계콘 누구바 고고콘
방법9	바라바 고고콘 누구바	방법21	세계콘 바라바 누구바
방법10	바라바 고고콘 세계콘	방법22	세계콘 바라바 고고콘
방법11	바라바 세계콘 누구바	방법23	세계콘 고고콘 누구바
방법12	바라바 세계콘 고고콘	방법24	세계콘 고고콘 바라바

"선생님, 모두 여섯 군데나 있어요."

"쩝. 그러네. 그런데, 이런 현상은 '누구바, 바라바, 고고콘' 에만 있는 건 아니에요. 왜냐하면 세 개를 선택해서 그것을 순서대로 나열했기 때문에 세 개가 줄 서는 것만큼, 즉 3! = 6만큼 어느 세트에나 중복되어 있어요. 보세요. 방법 2, 방법 5, 방법 8, 방법 11, 방법 19, 방법 21 은 모두 '누구바, 바라바, 세계콘' 세트예요."

와우! 토토가 정말 놀라운 발견을 했구나. 그래 맞았다. 우리는 지금 〈4개 중에서 3개를 선택하는 경우의 수〉를 공부하려고 하는데, 그걸 알기 위해서 〈4개 중에서 3개를 골라 순서대로 나열하는 경우의 수〉, 즉 $_4P_3$을 먼저 생각해 봤단다. 그랬더니 그 속에는

〈3개를 순서대로 나열하는 경우의 수〉만큼이 중복되어 있구나.

"아! 알겠어요. 선생님. 우리가 원래 알고자 했던 〈4개 중에서 3개를 선택하는 경우의 수〉는 ${}_4P_3$을 $3!$로 나누면 돼요."

허허, 내가 하려는 말을 너희가 다 해 버렸구나. 그러니까, 토토가 적은 24가지는 원래 우리가 알고자 했던 것보다 $3!=6$배나 많은 방법이 적혀 있었던 게지. 즉, 4가지 아이스크림에서 3가지를 골라내는 방법은 $\frac{24}{6}=4$가지밖에 없단다.

"헉, 네 가지밖에 없는 걸 24가지나 적어 놨다고요? …… 그러네요."

이번에는 도로시가 노트에 적기 시작합니다.

〈누구바, 바라바, 고고콘, 세계콘 중에서 세 개를 고르기〉

선택1	누구바 바라바 고고콘
선택2	누구바 바라바 세계콘
선택3	누구바 세계콘 고고콘
선택4	바라바 고고콘 세계콘

너희가 이렇게 잘 하니, 나는 기호나 가르쳐 줘야겠다. 〈4개 중에서 3개를 골라 순서대로 나열하는 경우의 수〉는 ${}_4P_3$으로 표시한다고 했지?

〈4개 중에서 3개를 선택하는 경우의 수〉는 ${}_4C_3$으로 표시한단다. C는 콤비네이션Combination의 약자이고, '조합'이라고 하지. 도로시가 얘기한대로 ${}_4C_3=\frac{{}_4P_3}{3!}$으로 계산한단다. 분모의 3!은 몇 개를 고르느냐에 따라 달라지는 것 알겠지?

중요 포인트

조합

서로 다른 n개에서 순서와 상관없이 r개를 택하는 경우의 수는

$${}_nC_r=\frac{{}_nP_r}{r!}$$

"그럼, 처음에 우리가 알고 싶었던 저 아이스크림 통에 있는 10가지 종류의 아이스크림 중에 세 가지를 골라내는 경우의 수는 ${}_{10}C_3=\frac{{}_{10}P_3}{3!}=\frac{10\times9\times8}{3\times2\times1}=120$가지나 되네요."

하하, 그래, 그렇게 많단다. 그런데, 120가지나 되는 경우를 놓

고 너희가 싸우고 있었던 게지. 그러니까 조금 전에 도로시가 적은 것들 중에서 선택하지. 하하. 카르다노가 좋아하는 네 가지 아이스크림 중에 세 가지 선택하기.

아이들은 순 독재라며 툴툴대면서도 아이스크림을 하나씩 들고 좋아라하며, 선생님을 따라 야채 코너로 걸어갔습니다.

음. 나물 중에서 두 가지를 해야겠구나. 그리고 우리 오늘까지만 그냥 살던 대로 살자. 하하하. 과자 중에서 세 개 골라 보렴. 빵도 두 가지 골라 보고.

"정말요? 히히, 감사합니다."

"그럼. 우리가 고를 수 있는 장보기의 결과는 모두 몇 가지일까요? 호호. 제가 대답해 볼게요. 여기에 있는 나물 재료는 콩나물, 시금치, 무, 고사리 네 가지네요. 그럼 나물을 고르는 조합의 수는 ${}_4C_2$가 되고요. 과자는…· 헉, 너무 많아요. 빵도 종류가 너무 많고요."

유기농 과자하고 빵 중에서 골라 보렴. 오늘은 유기농의 날!

"유기농 과자는 모두 다섯 종류이고요. 유기농 빵은 모두 여섯 종류가 있네요. 그럼, 과자 세 개를 고르는 경우의 수는 $_5C_3$, 빵 두 개를 고르는 경우의 수는 $_6C_2$가 돼요. 그럼, 오늘 장보기 경우의 수는 곱의 법칙을 이용해서, $_4C_2 \times {_5C_3} \times {_6C_2} = \frac{4\times3}{2\times1} \times \frac{5\times4\times3}{3\times2\times1} \times \frac{6\times5}{2\times1} = 900$, 헉! 900가지나 되네요."

재밌는 장보기를 끝내고 집으로 돌아오는 차 안. 카르다노 선생님은 그나마 쉬워 보이는 콩나물과 무를 샀지만, 이것으로 어떻게 나물을 만들어야 할지 걱정이 태산입니다. 그런데, 토토도 웬일인지 심각한 얼굴입니다.

"토토, 너 왜 이렇게 조용해? 카르다노 선생님이 간식을 너무 많이 사 주셔서 그래?"

"음…… 오늘 마트에서 조합을 배웠잖아. 그래서 나의 요즘 고민거리도 해결할 수 있지 않을까 해서 생각을 해 보는 중이야."

무슨 고민인데 그러니 토토?

"다음 주가 제 생일인 거 아시죠? 도로시, 너도 알지? 그래서 어머니께서 생일파티를 열어 준다고 하셨어요. 그런데 손님이 20명을 넘으면 안 된다고 하시는 거예요. 카르다노 선생님하고 도로시는 꼭 초대해야 하니까, 초대인원 20명에서 두 명을 빼면 18명이 되잖아요. 그런데, 우리 반 아이들이 모두 20명이거든요. 이 중에 18명을 고르려니 머리가 터지겠어요. 그래서 좀 전에 배운 대로 생각을 해 보려니 머리가 아파요."

"아! 그거 내가 알려 줄게. 20명 중에서 18명을 고르면 되는 거잖아. 순서는 관계없고 그냥 선택만 하면 되는 거니까 조합이네. ${}_{20}C_{18}$이니까…… $\dfrac{20\times19\times18\times\cdots\times4\times3}{18\times17\times16\times\cdots\times3\times2\times1}$이니까…….

$$\frac{20\times19\times\cancel{18\times\cdots\times4\times3}}{\cancel{18\times17\times16\times\cdots\times3}\times2\times1}=\frac{20\times19}{2\times1}=190$$

190가지만 고려하면 돼."

"응, 그건 나도 아는데. 근데, 20명 중에 18명을 누구를 선택할지보다, 사실 누구를 빼놓아야 할지가 더 고민되지. 우리 반 20명 중에서 딱 두 명이 빠지는 건데, 나중에 알면 서운해 하지 않을까?"

"그럼, 빼놓는 사람의 조합을 써 놓고 고민해 봐. 그건 몇 가지를 적어야 하느냐면 20명 중에서 빼놓을 사람 두 명을 고르는 거니까, ${}_{20}C_2$가 되고, 그건 $\dfrac{20\times19}{2\times1}$고, 190가지네. 어라? 아까하고 같네?"

너희들 둘이서도 아주 잘 공부하는구나. 그건 집에 도착해서 식사하고 나서 공부하려고 했던 건데. 너희 둘의 대화 속에 모든 내용이 다 있단다. 토토는 〈20명 중에서 초대하는 18명을 누구로 할 것인가〉라는 고민이 〈20명 중에서 초대할 수 없는 2명을 누구로 할 것인가〉라는 고민과 같다는 것을 알아냈지. 20명 중에서

18명을 선택한다는 것은 사실, 2명을 선택하는 것과 마찬가지란다. 계산의 결과는 같지만 도로시, 어느 계산이 편했니? 20명 중에서 18명을 고르는 것과 2명을 고르는 것 중에서?

"당연히 20명 중에서 2명을 고르는 거죠. 앞으로 숫자가 클 때에는 나머지를 골라야겠어요."

그래, 맞다. 그래서 ${}_nC_r$을 계산할 때, r이 n의 절반보다 클 때에는 ${}_nC_r$ 대신에 ${}_nC_{n-r}$을 계산한단다.

$${}_nC_r = {}_nC_{n-r}$$

"그럼, 아까 아이스크림 4개 중에서 3개를 고르는 경우의 수도요. ${}_4C_3 = {}_4C_1 = 4$로 했으면 더 간단한 거였네요?"

그렇지! 숫자가 클수록 아주 유용하단다. 예를 들어 100개 중에서 97개를 골라야 한다. 이게 원래는 ${}_{100}C_{97}$이지만, 이것보다는 ${}_{100}C_{97} = {}_{100}C_{100-97} = {}_{100}C_3$으로 계산하는 게 간단하지.

이런 저런 얘기를 하다 보니 어느덧 집에 도착했습니다. 카르다노 선생님은 나물 요리를 어떻게 하는지 알아보기 위해 한 시간째 컴퓨터 앞에 앉아 계시고 배고픔에 지친 아이들은 빵과 과자를 다 먹어 버렸습니다.

네번째 수업 정리

1 조합

서로 다른 n개에서 순서와 상관없이 r개를 택하는 경우의 수는

$$ {}_{n}\mathrm{C}_{r} = \frac{{}_{n}\mathrm{P}_{r}}{r!} $$

2 ${}_{n}\mathrm{C}_{r} = {}_{n}\mathrm{C}_{n-r}$

확률이란?

확률에서 다루는 여러 사건들에 대해서 배우고 익혀 봅니다.

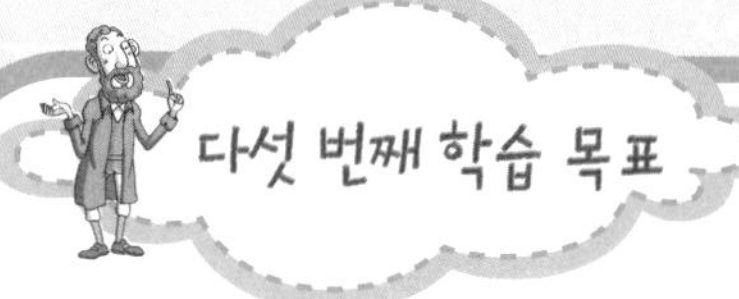

1. 확률을 배우기 위한 여러 가지 용어를 이해합니다.
2. 배반사건을 이해합니다.

미리 알면 좋아요

1. 서로소 집합 A와 B에서 $A \cap B = \phi$일 때, 집합 A와 B는 서로소라고 합니다.

2. 확률의 성질
1) 반드시 일어나는 사건의 확률은 1
2) 절대로 일어날 수 없는 사건의 확률은 0
3) 어떤 사건의 확률을 p라고 하면, $0 \leq p \leq 1$

▨사건

자, 이제 본격적으로 확률 이야기를 시작해 볼까?

확률이란 무엇인지, 인간의 역사에서 확률이 얼마나 오래 전부터 나타났는지, 확률이 발전한 계기가 무엇인지, 우리 생활에 확률이 얼마나 가까이에 있는지에 대한 이야기는 확률 1 수업에서 많이 했지? 확률에 대한 기초적인 이야기는 확률 1 수업에서 한 것으로도 충분하단다. 탄탄한 기초 위에 확률 2 수업에서는 보다 정밀한 확률 계산에 대해서 공부하려고 해. 그것을 위해서 우리는 경우의 수를 기능적으로 구하는 순열, 조합 등을 배웠던 것이란다.

우선, 용어, 기호부터 정리해 보자. '사건' 이라는 것이 무엇인지는 잘 알고 있지?

"실험이나 관찰의 결과를 사건이라고 한다고 배웠어요."

그래. 쉽게 말하면 '일어나는 일' 이라고 생각하면 돼. 우리가 맨 첫 시간에 무한도전 멤버들의 자리 배치에 대해서 경우의 수를 구했었지? 예를 들어 유재석을 한가운데에 서게 한다, 그러면 '무한도전 멤버 다섯 명이 일렬로 늘어서는데 재석이가 한가운데에 서게 되는 사건' 이라고 말할 수 있겠지.

이제 기호로도 말해 보자. 사건명은 보통 대문자 알파벳으로 이야기 해.

"사건명 X! 이렇게요?"

하하, 그래. 앞에서 '무한도전 멤버 다섯 명이 일렬로 늘어서는데 재석이가 한가운데에 서게 되는 사건' 을 '사건 A' 라고 간단히 말할 수 있지. 앞에서 다섯 명이 서는 자리를 이렇게 표시했었지? 그걸 잠깐 기억해 보자.

카르다노 선생님은 다시 칠판에 자리를 그렸습니다.

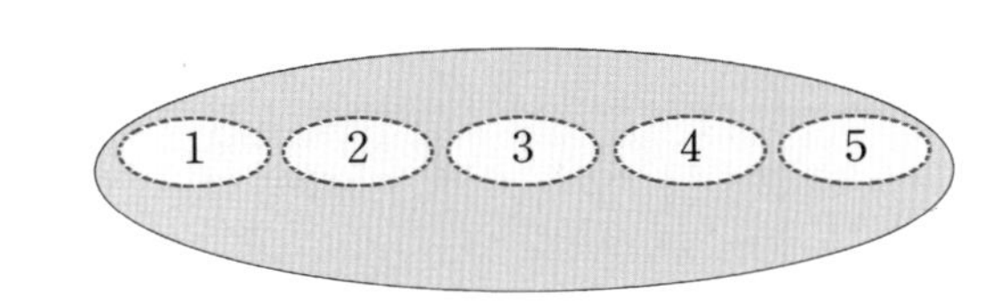

유재석이 한가운데에 서는 사건을 사건 A, 홀수 번째 자리에 서는 사건을 사건 B, 그리고 짝수 번째 자리에 서는 사건을 사건 C라고 해 보자. $A \cup B$는 어떻게 될까?

"어, 선생님. 우리는 확률을 공부하고 있는데요, $A \cup B$ 이건 집합 기호잖아요."

그래, 맞다. 집합과 마찬가지란다. 사건을 집합으로 생각한다면 원소가 필요하겠지?

우리끼리의 기호를 한번 만들어 볼까?

유재석이 각 자리에 서는 것을 e_1, e_2, e_3, e_4, e_5라고 해 보자.

"혹시, $A=\{e_3\}$가 되나요?"

"$B=\{e_1, e_3, e_5\}$, $C=\{e_2, e_4\}$이고요?"

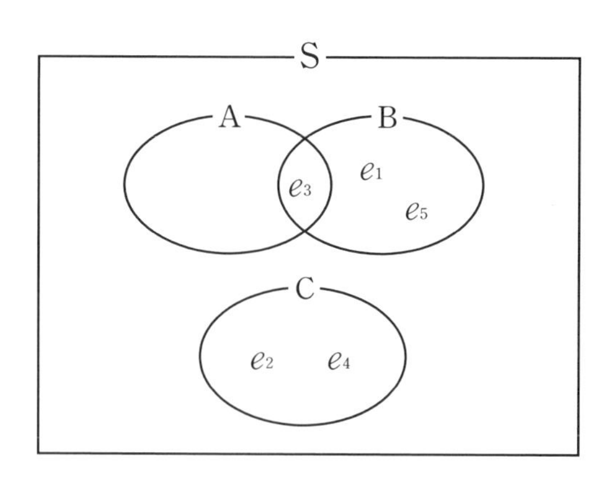

그렇지. 그리고, 집합으로 생각하면 전체 집합을 표본공간이라고 한단다. $S=\{e_1,\ e_2,\ e_3,\ e_4,\ e_5\}$라고 할 수 있지. 다시 하던 얘기로 돌아가서, $A \cup B$는 합사건이라 하지. '유재석이 한가운데 또는 홀수 번째에 서게 되는 사건'을 말하겠네. 이 경우에는 합사건 $A \cup B$가 사건 B와 같네. 그럼, $A \cap B$는?

"곱사건이겠네요. '유재석이 한가운데 그리고 홀수 번째에 서는 사건'. 이 경우에는 $A \cap B$가 사건 A와 같네요."

"그럼, 혹시 A^C도 있나요? 여사건이라고 부르는?"

이야! 너희들은 한 개를 가르쳐 주면, 두 개를 아는구나. 그래, 여사건이라고 하지. 그럼, 이 경우에 A^C를 구해 볼래?

"재석 님이 한가운데에 서는 것이 사건 A이니까 A^C는 재석 님이 한가운데에 서지 않는 사건을 말하는 거고. 그건 1번, 2번,

4번, 5번에 서게 되는 사건이니까, $A^C=\{e_1,\ e_2,\ e_4,\ e_5\}$가 되겠네요."

"그럼, 혹시 공집합이 있으니까, 공사건도 있나요?"

어떻게 알았니? 있단다. 기호도 그대로 ϕ를 사용하면 돼. 공사건은 절대로 일어날 수 없는 사건을 말하지.

자, 모두들 아주 잘 하고 있으니 이제 한 가지만 더 알면 되겠다. 바로, 배반사건!

"헉, 배! 반! 사건? 사건이 배반을 했나요?"

"배반사건이 뭐래요?"

하하! 배반사건은 처음 들어보는 말이지? 배반사건은 두 사건 사이에서 말할 수 있는 거야. 예를 들어 '사건 D와 사건 E는 배반사건이다' 라고 말할 수 있지. 사건 D와 사건 E가 어떤 사이일 때, 배반사건이라는 말을 쓸까?

"왠지 두 사건의 사이가 좋지 않아 보여요."

그래, 그런 느낌이 풍기지? 배반사건이란 두 사건의 곱사건이 공사건이 될 경우를 말해. 즉, $D\cap E=\phi$이면, 사건 D와 사건 E는 배반사건이 되지. 무슨 말이냐면 사건 D와 사건 E가 결코 동시에 일어날 수 없으면 두 사건은 배반사건이 되는 거야.

“우리 반에서 아무나 한 명을 데려왔는데, 걔가 남자일 사건과 여자일 사건! 이건 배반사건이네?”

“낄낄…… 만약 그게 배반사건이 아니라면 그 아이는 남자이면서 여자일 수도 있다는! 왼쪽은 여자, 오른쪽은 남자? 히히히.”

“교무실에서 아무 선생님이나 한 분을 모셔왔는데, 그 분이 20대인 사건과 그 분이 40대인 사건, 이것도 배반사건.”

"집합에서 서로소인 집합과 같은 거네요?"

옳지! 그래, 그거야. 그럼, 다시 유재석 세우기로 돌아가서 사건 A, 사건 B, 사건 C가 있단다. 그렇다면, 사건 A와 배반사건인 사건은?

"사건 C요. 물론 사건 B와 사건 C도 배반사건이고요. 사건 A와 사건 B는 $A \cap B \neq \phi$이니까 배반사건이 아니에요."

"왜냐하면 재석 님은 각 자리 중에 한 자리에 서니까요. 뭐, 3번 자리에 서면서 동시에 2번 자리에 설 수도 있다면 할 말 없지만 그러면 다른 멤버들 설 자리가 없으니까, 재석 님은 그런 짓을 할 분이 아니에요."

중요 포인트

배반사건

사건 A와 사건 B가 있을 때, $A \cap B = \phi$이면 두 사건 A와 B는 배반사건이라고 한다.

▨ 확률의 정의

자, 이제 확률의 정의를 다시 한번 기억해 보자. 확률 1 수업에서 확률의 정의를 배웠지?

"같은 조건 아래에서 실험이나 관찰을 많이 해서, 어떤 사건이 일어나는 비율이 어떤 값에 가까워지면 그것을 그 사건의 확률로 본다고 했어요."

토토가 자신 있게 대답하자, 도로시가 한마디 합니다.

"수학적 확률은, 어떤 시행을 하는데 각 경우가 일어날 가능성이 같다면,

그 사건 A가 일어날 확률은 $\frac{\text{사건 A가 일어나는 경우의 수}}{\text{일어날 수 있는 모든 경우의 수}}$ 가 되지요."

역시, 내가 정말 잘 가르쳤어! 이렇게 정확히 기억하고 있다니 뿌듯하구나!

"근데요, 선생님. 왜 확률이 두 개예요? 둘 사이에 어떤 관계가 있다고 확률 1에서 배우긴 했는데, 그게 뭐였더라?"

이번에도 도로시가 대답합니다.

"수학적 확률은 일종의 가상적인 확률이라는 거지. 예를 들어 6개의 면이 나올 가능성이 완전히 같은, 정말 '공정한' 주사위가 있다면 각 면이 나올 가능성은 $\frac{1}{6}$이라고 단정적으로 말할 수 있지만, 그건 그야말로 이상적인 주사위일 뿐이야. 아무리 정밀한 공장에서 만든다 해도 말이지.

그래서 주사위를 실제로 던져서 실험을 해 보면, 던지는 횟수를 많이 하면 할수록 $\frac{\text{각 눈이 나온 횟수}}{\text{총 던진 횟수}}$가 어떤 숫자에 가까워지는데, 그것을 그 면이 나올 확률로 삼는 거야. 잘 만들어진 주사위일수록 그 값은 $\frac{1}{6}$에 가깝게 나타나겠지."

역시 확률 1 수업의 우등생답구나! 그래. 세상은 주사위가 아니기 때문에, 어떤 확률을 금세 알아낼 수는 없단다. 과거의 경험에 비추어 통계적 확률을 구해내고, 그것을 이용해서 앞으로의 일을 예측하는 것이 바로 확률을 배우는 목적이라고 할 수 있지.

"선생님! 그럼, 과거의 자료가 아주 많아야 진짜 확률에 가까워지잖아요. 아까 주사위를 많이 던질수록 어떤 숫자에 가까워진다고 도로시가 말한 것처럼요. 그 얘기는 아무리 자료가 많거나 시행을 한다고 해도 진짜 확률은 모른다는 말 아닌가요?"

하하! 그렇지. 하지만, 목적을 다시 한번 생각해 보자. 확률은 앞날을 예측하는 도구란다. 아무리 확률이 99%인 사건이라 해도, 그 사건은 안 일어날 가능성 역시 1%가 있는 거란다. 즉, 지난날의 자료나 여러 번의 시행을 통해서 통계적 확률을 구해내는 것은 앞날을 예측하기 위한 것이므로 더 시행을 해서 더 정확한 확률을 얻어 내는 것이 경제적인가, 어느 정도의 자료로 어느 정도의 결과를 얻었으면 이 정도에서 앞날을 예측하는 것이 경제적인가를 판단해야겠지. 중요한 것은 앞날을 예측하는 합리적인 모델을 만들어 내는 것이란다.

"그래서, 확률 1 여행을 할 때, 토토가 그렇게 뼛조각을 던졌던 거고요. 하하하!"

"그래. 우울한 기억이야. 그래도, 그 덕분에 나는 어떤 상황에서도 통계적 확률을 얻어 내서 계산을 할 수 있게 되었다고!"

그래, 우리는 확률 1 수업에서 통계적 확률을 얻는 것을 주로 공부했었지. 이제 확률 2 수업에서는 그렇게 얻어 낸 확률을 가지고 어떻게 계산을 해서 앞날을 예측하는지를 배울 거란다.

"그럼, 수학적 확률을 주로 다루겠네요?"

그렇지. 수학적 확률은 가상의 확률이라고는 하지만, 모델화된 세상에서는 수학적 확률의 계산을 이용해야 하니까.

자, 간단히 워밍업을 해 볼까? 확률 1 수업에서 배운 것이지만 말이다.

빨간 주사위와 파란 주사위를 동시에 던질 거야. 두 개가 같은 눈이 나올 확률은 얼마일까? 물론 이 주사위들은 이상적으로 공정한, 완벽한 주사위라는 가정하에 생각해 보자.

"수학적 확률은 $\dfrac{\text{사건 A가 일어나는 경우의 수}}{\text{일어날 수 있는 모든 경우의 수}}$로 구하니까 일단은 일어날 수 있는 모든 경우의 수를 구해야 해요."

"주사위 두 개를 던질 때 나오는 모든 경우의 수를 구해야 한다……. 빨간 주사위는 6가지가 나올 수 있고, 그 각각에 대해서 파란 주사위도 6가지가 나올 수 있으니까, 곱의 법칙을 써서 $6\times6=36$가지가 있겠네."

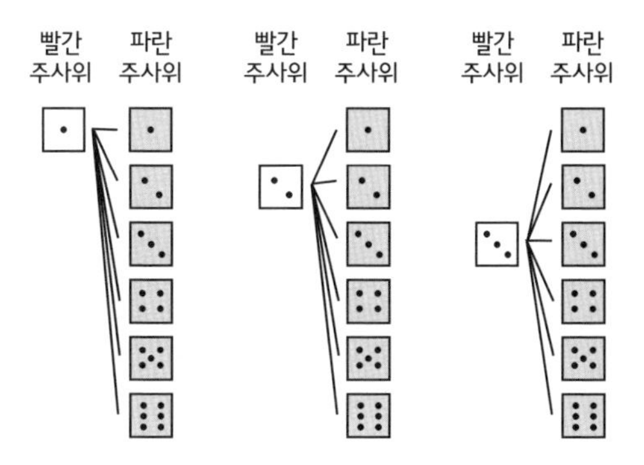

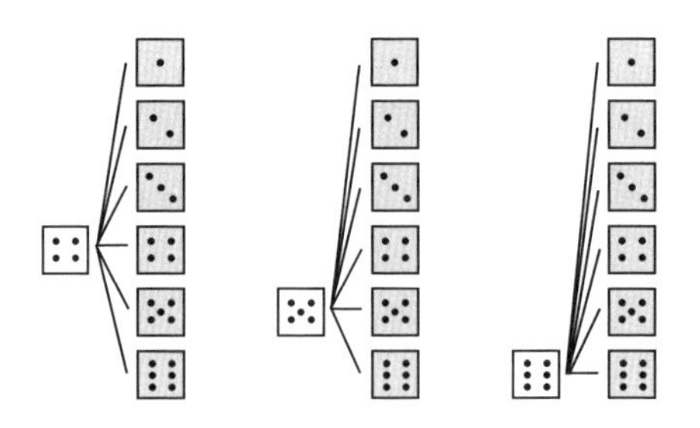

"그럼, 이제 두 주사위가 같은 눈이 나오는 사건의 경우의 수를 구해야 하니까 그건 (1, 1), (2, 2), (3, 3), (4, 4), (5, 5), (6, 6) 이렇게 6가지네. 그럼, 총 경우의 수 36에, 사건 A가 나올 경우의 수가 6이니까, 두 주사위에서 같은 눈이 나올 확률은 $\frac{6}{36}=\frac{1}{6}$이 되겠네."

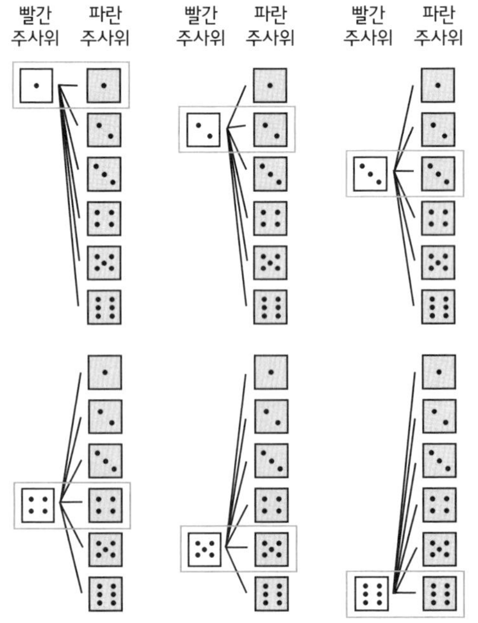

하하, 너무 쉬운 문제를 냈나? 너희들이 너무 잘하는구나. 그럼 이번에는 두 주사위에서 나온 눈의 차가 1이 될 확률은? 이번에는 어려울걸.

"우릴 뭘로 보고 그런 말씀을! 자, 보세요. 우선 빨간 주사위와 파란 주사위를 던질 때의 총 경우의 수는 마찬가지로 36가지이고요. 두 주사위의 눈의 차가 1이 되는 경우의 수를 차근차근 따져 봐요. 우선 빨간 주사위가 1이 나오면, 파란 주사위에서 2가 나오면 되죠. 그럼 (1, 2) 한 개 구했고요. 그 다음에 빨간 주사위가 2일 때에는 파란 주사위가 1이어도 되고, 3이 나와도 돼요. 그럼 (2, 1), (2, 3) 두 개 구했죠. 이렇게 모두 구해 보면,

(1, 2)
(2, 1), (2, 3)
(3, 2), (3, 4)
(4, 3), (4, 5)
(5, 4), (5, 6)
(6, 5)

모두 10가지가 되네요. 그러면 구하는 확률은…….”

“$\frac{10}{36}=\frac{5}{18}$가 되네~.”

토토와 도로시는 한껏 거만한 표정으로 문제를 척척 풉니다.

“선생님! 좀 더 어려운 문제는 없어요? 저희 수준에 맞는 문제로 내 주세요.”

하하! 그래 그래, 내가 너희 실력을 너무 과소평가 했구나. 문제를 푸는 재미에 시간가는 줄도 모르는 너희들을 보고 있자니 나도 이제 늙긴 늙었구나. 에구, 나이가 들어서 이 선생님은 조금 쉬었다가 다시 시작해야겠다. 다음 시간을 기대하렴!

다섯번째 수업 정리

1 사건 A와 사건 B가 있을 때

합사건$A \cup B$: A 또는 B가 일어나는 사건

곱사건$A \cap B$: A, B가 동시에 일어나는 사건

여사건A^c : A가 일어나지 않는 사건

공사건ϕ : 절대로 일어날 수 없는 사건

2 배반사건

사건 A와 사건 B가 있을 때, $A \cap B = \phi$이면 두 사건 A와 B는 배반사건이라고 합니다.

3 확률이란? 같은 조건 아래에서 실험이나 관찰을 많이 해서, 어떤 사건이 일어나는 비율이 어떤 값에 가까워지면 그것을 그 사건의 확률로 봅니다. 수학적 확률은 모든 경우가 일어날 가능성이 같을 때 $\dfrac{\text{사건 A가 일어나는 경우의 수}}{\text{일어날 수 있는 모든 경우의 수}}$입니다.

확률 구하기

조합과 순열을 이용하여 여러 확률 문제들을 풀어 봅니다.

여섯 번째 학습 목표

조합, 순열 등 경우의 수를 이용하여 수학적 확률을 구하는 연습을 합니다.

미리 알면 좋아요

여사건의 확률 사건 A가 일어날 확률을 p라 하면 사건 A가 일어나지 않을 확률은 $1-p$입니다.

자, 확률 영재들! 다시 수업을 시작해 볼까?

"어서 어서 어려운 문제 주세요! 히히!"

아까처럼, 빨간 주사위와 파란 주사위를 던지는데, 두 개의 주사위에서 서로 다른 눈이 나올 확률은?

"뭐예요! 어려운 문제를 달라니까요. 총 경우의 수는 마찬가지로 36개이고요, 두 주사위의 눈이 다른 것은 모두 따져 보면 되잖아요. 그럼 (1, 2), (1, 3), (1, 4), (1, 5), (1, 6), (2, 1), (2, 3) ……

(4, 1), (4, 2) …… 헥헥, 어디까지 했지? 에구, 다시 해야겠다. 그러니까 빨간 주사위가 1이 나오면 파란 주사위는 2부터 5까지 나오면 되는데."

"아, 그렇게 하지 말고! 아까, 두 개의 주사위에서 같은 눈이 나올 확률을 구해 놨잖아. 그 확률이 $\frac{1}{6}$이었고, 그 반대말이니까, $1-\frac{1}{6}$로 계산하면, 정답은 $\frac{5}{6}$가 되지요~!"

빙고! 역시 확률 영재답구나. 하하.

"그런데요. 선생님, 우리 계속 확률 구하기를 하고 있잖아요. 앞으로 계속할 거고요. 근데, 매번 '…하는 확률'이라는 말을 쓰려니까 귀찮은데, 머리 좋은 수학자들이 이렇게 귀찮은 경우를 그냥 놔둘 리 없었을 것 같은데요."

그래! 그게 바로 수학 기호의 유용함이지. 잘 알다시피 수학자들은 대체로 말을 길게 하는 것을 되게 싫어하지. 그래서 가능한 많은 말들을 몽땅 기호로 만들어 버린단다. 그런 편이 안 헷갈리고 계산도 편리하거든. 그래서, 앞에서 얘기했지만 '…하는 사건'이라는 말이 자꾸 나오면 어김없이 '…하는 사건을 A라 하자'라며 사건명을 대문자 알파벳을 정해 버린단다. 그러면 계속해서 …하는 사건이라고 말하지 않고 그냥 '사건 A'라고 하면 되는 거지. 토토 말대로 그런 수학자들이 '…하는 확률' 이라는 말을 계속 쓸 리는 없지.

자, 주사위 한 개를 던질 때 1의 눈이 나오는 사건을 A라고 한다면, '주사위 한 개를 던질 때, 1의 눈이 나올 확률' 은 $P(A)$로 표시한단다. 확률probability의 P를 생각하면 되겠구나.

그럼, 조금 전에 도로시가 훌륭하게 대답한 문제로 다시 가 볼까? 아까 빨간 주사위와 파란 주사위를 동시에 던졌을 때, 두 개가 같은 눈이 나오는 사건을 A라 하면, $P(A)=\frac{1}{6}$이었던 셈이지. 그럼, 두 개의 주사위가 다른 눈이 나오는 확률을 기호로 정리해 볼래?

"'두 개의 주사위가 서로 다른 눈이 나온다는 것' 은 '두 개의 주사위가 같은 눈이 나오는 사건' 의 여사건이잖아요. 그러니까 '두 개의 주사위에서 다른 눈이 나오는 사건' 은 A^c으로 표시할 수 있고요. '두 개의 주사위가 다른 눈이 나올 확률' 은 $P(A^c)$으로 쓸 수 있어요."

"그럼, 도로시가 푼대로 해석하면, 여사건의 확률은 $P(A^c)=1-P(A)=1-\frac{1}{6}=\frac{5}{6}$라고 말할 수 있는 거네요?"

그래, 정리까지 아주 잘했구나.

중요 포인트

여사건의 확률

$$P(A^C)=1-P(A)$$

자, 그럼 게임을 한번 해볼까?

"와! 무슨 게임이요?"

"선생님이 하는 게임이라 별로 큰 기대는 안 되는데요?"

칭찬은 고래도 춤추게 한다는 거 모르니? 자꾸 그렇게 재미없다고 그러면 앞으로 그냥 문제만 100개씩 풀게 시킨다!

"아니 아니에요! 토토가 헛소리한 거예요. 전 선생님이 하시는 게임이 너무 좋아요."

카르다노 선생님은 큰 주머니를 한 개 가지고 오셨습니다.

이 주머니 속에는 공이 네 개 들어있단다. 크기가 모두 같아 손으로 만져서는 어떤 공이 다른 공인지 알 수가 없지. 그런데 네 개의 공 중에서 하나의 공에는 '꽝' 이라는 글자가 적혀 있어. 이제 내가 주머니에 손을 넣고 공 두 개를 동시에 꺼낼 건데, '두 개의 공 중에서 꽝인 공이 섞여서 나온다'와 '두 개의 공 모두 아무것도 안 쓰인 공만 나온다'라는 두 가지 경우 중에 너희들은 어느 쪽에 걸고 싶니?

토토가 또 딴지를 겁니다.

"왜 걸어야 되죠? 안 걸 거예요."

"토토. 왜 또 그래. 선생님, 전 '꽝인 공이 나온다'에 걸게요. 토토, 너도 어서 정해."

토토, 왜 걸어야 하느냐면 말이지. 너희 둘이 이 게임을 해서 진 사람이 거실 청소를 할 것이기 때문이야.

"쩝, 예, 예. 그럼, 전 '꽝인 공이 안 나온다'에 걸겠어요. 네 개의 공 중에서 꽝이 아닌 공이 세 개나 있는데, 꽝이 안 나올 확률이 더 높겠죠."

음, 그래. 바로 이럴 때 확률을 이용해야 하는 거란다.

도로시는 그제야 알겠다는 듯이 나섭니다.

"아, 왜 선생님이 이 게임을 하자 그러셨는지 그 큰 뜻을 이제야 알겠어요. 호호, 그럼 제가 확률을 구해 볼게요. 네 개 중에서 두 개를 꺼내는데 꽝이 나올 확률…… 어떻게 해야 하지?"

그래, 선생님이 언제 쓸데없는 거 시키는 거 봤니? 시키는 대로 하면 다 뼈가 되고 살이 되는 법이란다. 자, 이제까지 배운 지식을 총동원해 볼까?

'이 주머니 속의 공 네 개 중에 두 개를 꺼내는데, 그 중에 꽝인 공이 섞여 나오는 사건' 을 A라 하자. 그러면, '공 네 개 중에서 두 개를 꺼내는데, 꽝인 공이 안 나올 사건' 은 어떻게 표현할 수 있겠니?

"서로 반대잖아요. 그러니까, 그 뭐냐, 여사건이요! 기호로는 A^C로 쓸 수 있어요."

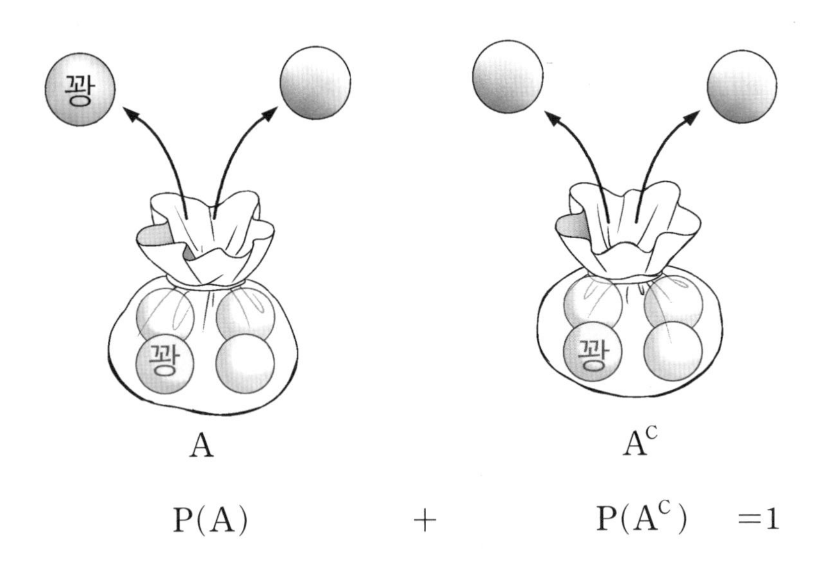

그렇지. 그러니까 이 게임은 $P(A)$가 큰지, $P(A^C)$가 큰지를 구해 봐서 더 큰 쪽에 걸어야 하는 거지. 물론 확률이 높다고 꼭 높은 확률대로 되라는 법은 없어. 다만 이왕이면 이길 가능성이

큰 쪽에 걸자는 거란다.

"아, 그럼 저는 $P(A)$를 구하고 토토는 $P(A^C)$를 구하면 되겠네요?"

침묵을 지키던 토토가 한마디 합니다.

"서로 여사건인데 뭣 하러 둘 다 구해. 둘 중에 하나만 구하고 나머지는 1에서 빼면 되지. 우리 어느 게 더 쉬운지 생각해서 하나만 구하자."

하하, 토토. 게임하기 싫다더니 역시 확률 2 수업의 우등생답구나.

기분이 좋아진 토토가 또다시 좋은 아이디어를 말합니다.

"꺼내는 공 두 개 중에 하나는 꽝, 다른 하나는 꽝 아닌 것을 생각하는 것보다는 둘 다 꽝이 아닌 경우가 더 쉬울 것 같아요. 그러니까, $P(A^C)$를 구할래요. 음, 그건……."

"$P(A^C)=\frac{A^C\text{가 일어나는 경우의 수}}{\text{일어날 수 있는 모든 경우의 수}}$이니까 분모부터 일어날 수 있는 모든 경우의 수를 구해야 해요. 공이 모두 네 개이고 그 중에 두 개를 뽑는 경우의 수라……."

"아! 조합이요! 네 개 중에 두 개를 선택하는 조합! ${}_4C_2$이잖아요. 맞죠? 선생님."

그래, 잘 기억하고 있구나. 앞으로 조합과 순열을 잘 쓸 수 있어야 할 거야. 복잡한 확률 계산을 간단히 해 주는 무기가 바로 조합과 순열이란다.

"그럼, 이제 분자만 구하면 되네요. A^C가 일어나는 경우의 수는 꽝이 아닌 공만 두 개 뽑아야 하니까."

"꽝이 아닌 공은 모두 세 개니까요. 이 세 개 중에 두 개를 선택하는 경우의 수를 구하면 돼요. 즉, ${}_3C_2$이지요."

"그럼, 결국 $P(A^C)=\frac{{}_3C_2}{{}_4C_2}$가 되겠네요. 음 계산은 ${}_4C_2=\frac{4\times3}{2\times1}=6$이고, ${}_3C_2$는……."

"아, ${}_3C_2$는요. ${}_3C_1$로 계산하는 게 더 편하다고 했어요. 히히. 그러니까, ${}_3C_2={}_3C_1=3$이 되네요. 그럼, 결국 제가 이길 확률인 $P(A^C)=\frac{{}_3C_2}{{}_4C_2}=\frac{3}{6}=\frac{1}{2}$이 되고, 도로시가 이길 확률인 $P(A)=1-P(A^C)=1-\frac{1}{2}=\frac{1}{2}$이 되네요. 어라? 그럼, 제가 이길 확률하고 도로시가 이길 확률이 똑같잖아요."

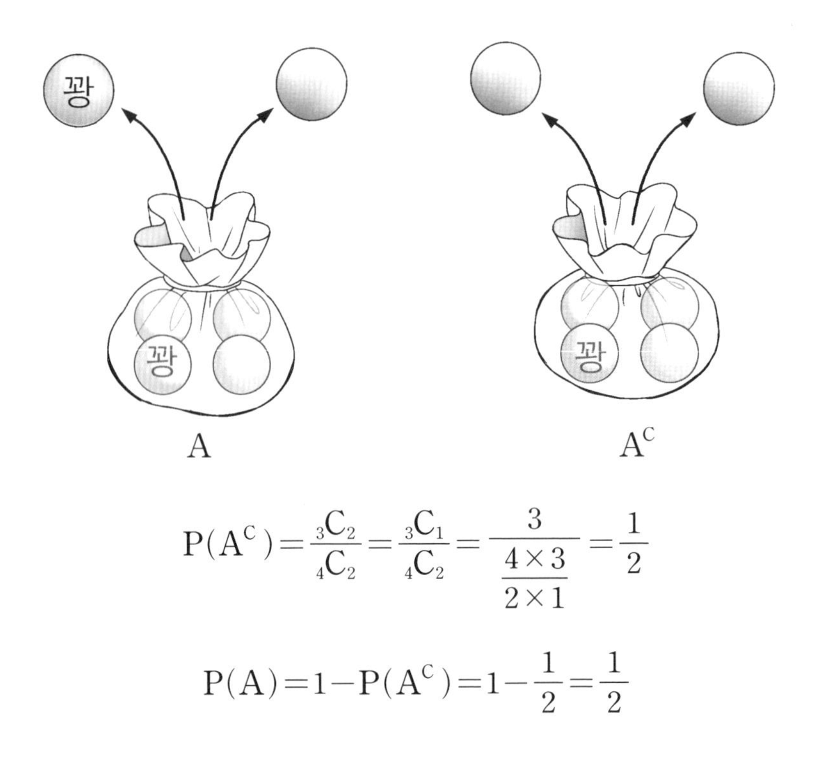

$$P(A^C) = \frac{{}_3C_2}{{}_4C_2} = \frac{{}_3C_1}{{}_4C_2} = \frac{3}{\frac{4\times3}{2\times1}} = \frac{1}{2}$$

$$P(A) = 1 - P(A^C) = 1 - \frac{1}{2} = \frac{1}{2}$$

하하, 그러니까 공정한 게임 아니겠어? 둘이 이길 확률이 같은 게임이라. 내가 만든 게임이지만 정말 멋진데? 자, 이제 그럼 게임을 해 볼까? 누가 이길까? 두구두구두구~.

카르다노 선생님은 주머니에 손을 넣어 공을 두 개 꺼내셨습니다. 선생님의 오른쪽 손에는 '꽝'이라고 쓰인 공이 들려 있었습니다.

“뭐예요. 그러니까 내가 이 재미도 없는 게임 안 한다고 그랬잖아요!”

“어쨌든 확률까지 구해 가며 이기려고 했었잖아. 토토, 결과에 승복하시지.”

게임이 재미없다는 말에 카르다노 선생님이 뭔가 속임수를 쓴 게 틀림없다고 투덜대며 토토는 약속한 대로 거실 청소를 시작하고, 도로시와 선생님은 소파에 앉아 즐겁게 TV 시청을 합니다. 청소기를 돌리던 토토가 갑자기 짜증을 냅니다.

“이 청소기 왜 이래요. 자꾸 덜컹거리고 전원이 들어왔다 나갔다 해요.”

응, 그거 원래 그래. 처음 살 때부터 그랬어. 그래도 잘 달래 가면서 하면 오늘 중으로는 청소 다 할 수 있을 거야. 낄낄.

“예? 고장 난 청소기로 청소를 하라고 그러셨단 말이에요? 제가 아무리 재미없다고 했다고 해도 그렇지. 엉엉~.”

응. 나 원래 뒤끝 있어. 하하! 농담이고. 자, 이제 그만하면 됐다. 자기 책상 정리도 안 하는 토토가 무슨 거실 청소를 하겠냐? 자, 이리로 와서 음료수 좀 마시렴.

카르다노 선생님은 땀을 뻘뻘 흘리며 청소를 하던 토토와 도로시에게 비타민 음료를 내 놓습니다. 아직도 씩씩거리며 음료수를 마시던 토토가 갑자기 소리를 지릅니다.

"이야! 한 병 더! 도로시 이거 봐. '한 병 더' 야. 히히히. 고생 끝에 낙이 온다더니."

"에이, 나는 꽝인데."

역시, 신이 내린 손이군. 어제 슈퍼마켓에 들렀을 때 산 건데, 막 새로 뜯은 상자에서 집어 온 거거든. 세 병을 사 왔는데, 그 중에 '한 병 더' 가 있었다니. 역시 내 손은 황금의 손이야.

"에이. 선생님 '한 병 더' 는 되게 많아요. 열 개들이 한 상자에 두 개씩은 들어 있다고 그러던데요?"

그래도, 세 병밖에 안 사왔는데 그 속에 '한 병 더' 가 들어 있기는 쉽지 않을걸? 그렇지, 우리 그 확률을 한번 구해 보자!

"그럼, 우리가 구해야 할 것을 정리해 보면, 음료수 열 병이 있는 상자에 '한 병 더' 가 두 개 있다. 이 상자에서 음료수 세 개를 고를 때, '한 병 더' 가 뽑힐 확률은? 이런 물음이 되겠네요."

그렇지. 세 병 중에 '한 병 더' 가 들어 있는 사건을 X라 하면, P(X)를 구하라는 것이지. 자, 누가 해 볼까?

"세 병 중에 '한 병 더' 가 들어 있는 거는요. 좀 복잡한데요. 세 병 중에 '한 병 더' 가 한 병 있을 수도 있고, 두 병 있을 수도 있으니까요."

"이럴 때 하라고 여사건을 배운 것 아니겠어요? 히히, 세 병 중에 '한 병 더' 가 있을 확률이 P(X)라고 했죠. 그럼, 우리는 그 대신에 $P(X^C)$를 구하는 거예요. 즉, 세 병 중에 '한 병 더' 가 하나도 없을 확률을 구하는 거죠. 한마디로 세 병 모두 꽝일 확률이에요."

"그건, 일단 확률은 $P(X^C)=\frac{X^C\text{가 일어나는 경우의 수}}{\text{일어날 수 있는 모든 경우의 수}}$로 구해야 하고, 분모부터 따지면, 모든 경우의 수는 열 병 중에 세 병을 선택하는 경우의 수겠죠? 그럼, 분모는 ${}_{10}C_3$이 되죠. 분

자는 꽝 중에서 세 병을 뽑는 건데, '한 병 더'가 모두 두 병 있다고 했으니까 꽝은 8병이겠죠? 그러니까, ${}_8C_3$이 돼요.

$$\text{그러니까, } P(X^C) = \frac{{}_8C_3}{{}_{10}C_3} = \frac{\frac{8\times7\times6}{3\times2\times1}}{\frac{10\times9\times8}{3\times2\times1}} = \frac{7}{15}\text{이 되네요.''}$$

"그럼, 세 병을 집었을 때, 그 중에 '한 병 더'가 있을 확률은 $P(X)=1-\frac{7}{15}=\frac{8}{15}$이 되네요."

"어? 그럼, 세 병 중에 '한 병 더'가 있을 확률이 절반이 넘는 거잖아요. 에이, 뭐 그리 굉장한 것도 아니네요."

허허, 그렇구나. 열 병 중에 두 병밖에 없는데 말이야. 확률은 이렇게 우리 직관하고 다를 때도 많단다. 이게 확률을 공부하는 이유이기도 하고. 자, 이만하면 어느 정도 확률 공부가 되어 가고 있는 것 같은데? 우리 조금 쉬었다가 더 재미있는 확률 공부를 해 볼까?

"과연 재미있을까 몰라……."

토토, 도로시, 카르다노 선생님은 음료수를 마시며 함박웃음을 터뜨립니다.

여섯번째 수업 정리

1. 사건 A가 일어날 확률은 P(A)로 나타냅니다.

2. 조합, 순열 등을 이용하여,

수학적 확률 $\left(\frac{\text{사건 A가 일어나는 경우의 수}}{\text{일어날 수 있는 모든 경우의 수}}\right)$을 구합니다.

3. 여사건의 확률

$$P(A^{c})=1-P(A)$$

확률의 덧셈정리

확률의 덧셈정리를 이용하는 방법을 알아봅니다.

일곱 번째 학습 목표

확률의 덧셈정리를 이해합니다.

미리 알면 좋아요

확률의 합 사건 A, B가 동시에 일어나지 않을 때, 사건 A 또는 사건 B가 일어날 확률은

(사건 A가 일어날 확률)+(사건 B가 일어날 확률)

음료수를 마시며 수다를 떨던 도로시가 갑자기 생각에 잠기더니 질문을 합니다.

"그런데요, 선생님. 이렇게 여사건을 이용해서 구하지 말고, 직접 구할 수는 없을까요? 아까 잠깐 고려했던 거요. 세 병 중에 '한 병 더'가 들어 있다는 건, '한 병 더'가 하나 있거나, 두 개 있는 거니까, 확률 1 수업에서 배운 '확률의 합'을 이용하면 안 될까요?"

오! 그래 좋아. 다양한 해결 방법을 생각해 보는 것은 좋은 습관이란다. 그래, 확률 1 수업에서 배웠던 확률의 합을 말해 볼수 있겠니?

"사건 A, B가 동시에 일어나지 않을 때, 사건 A 또는 사건 B가 일어날 확률은 (사건 A가 일어날 확률)+(사건 B가 일어날 확률)이에요."

그래, 참 잘했다. 그런데 확률의 합을 말할 때 중요한 전제인 '사건 A, B가 동시에 일어나지 않을 때' 라는 건 무엇을 말하는 걸까?

"동시에 일어나지 않는다는 것은 두 사건이 동시에 일어날 확률이 '0' 이라는 거죠. 한마디로 $P(A \cap B)=0$, 즉 두 사건은 배반사건이에요."

그렇지. 확률 1 수업에서 배운 확률의 합을 다시 한번 정리해 볼까?

두 사건 A, B가 배반사건일 때,

$$P(A \cup B)=P(A)+P(B)$$

자, 그럼 도로시의 말대로 아까 '한 병 더'를 뽑을 확률을 합사건의 확률을 이용해 구해 보자. 잠시 쉬는 동안 잊어버렸을까 봐 다시 한번 사건을 정리해 보면, 음료수 열 병이 들어 있는 상자에 '한 병 더'인 음료수는 두 병이 있다. 이 중에서 세 병을 집어들었을 때, '한 병 더'가 뽑히는 사건을 X라 한다면, P(X)는 얼마일까?

"그런데요, 집어 드는 세 병 중에 '한 병 더'가 딱 한 병만 있을 사건을 A라고 하고, '한 병 더'가 두 병 있을 사건을 B라고 하면, 사건 X는 사건 A와 사건 B의 합사건이에요. 즉, $P(X) = P(A \cup B)$이죠. 그리고 집어 드는 세 병 중에 '한 병 더'가 한 병만 있는 일과 '한 병 더'가 두 병 있는 일이 동시에 일어날 수는 없는 거잖아요? 그러니까 사건 A와 B는 배반사건이고요. 따라서, $P(X) = P(A \cup B) = P(A) + P(B)$가 돼요."

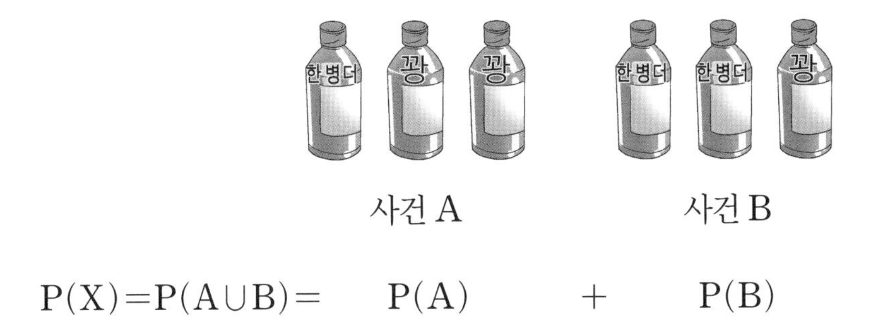

그래, 이제 계산만 하면 되겠구나. 먼저 P(A)부터 생각해 보자. 전체 10병 중에 세 병을 선택하는데, 그 중에 한 개는 '한 병 더' 이고, 두 개는 꽝일 확률을 말이지.

사건 A

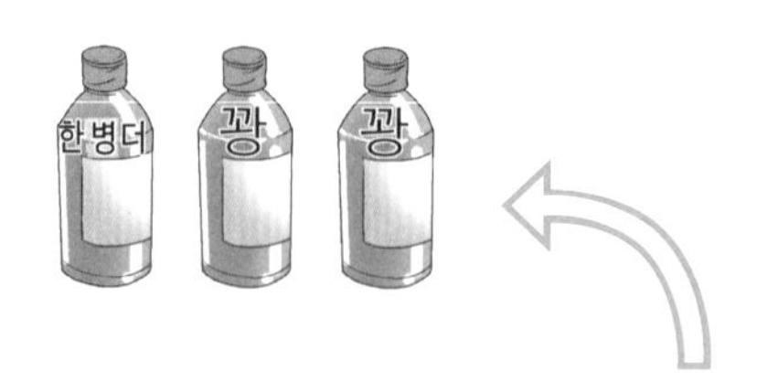

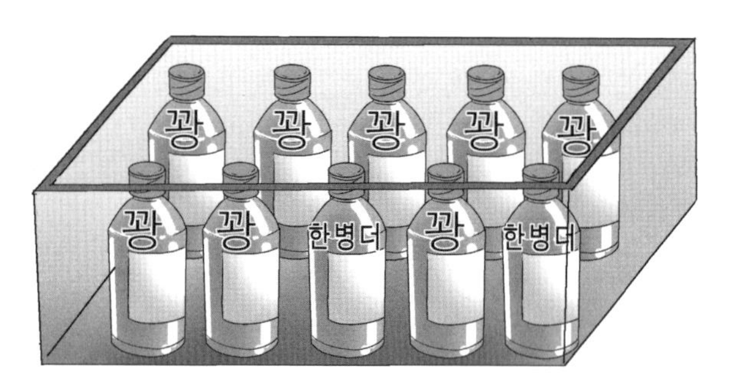

"우선 모든 경우의 수를 구해야 하는데요, 그건 아까 한 것과 같아요. 10개 중에서 3개를 선택하는 거니까 ${}_{10}C_3$이 되죠. 문제는 사건 A의 경우의 수인데……."

"상자 안에 '한 병 더'는 모두 2개가 있잖아요. 그 중에 하나를 뽑아야 하고, 그 각 경우에 대해 상자 안의 8개의 꽝 중에 두 개를 뽑아야 하니까, 곱의 법칙을 이용하면 A의 경우의 수는 ${}_2C_1 \times {}_8C_2$가 돼요."

"그러면, $P(A)=\frac{{}_2C_1 \times {}_8C_2}{{}_{10}C_3}$이 되고요. 계산하면 $P(A)=\frac{7}{15}$이 돼요."

그래, 아주 잘했다. 이제 $P(B)$도 마찬가지로 생각하면 되겠지? 사건 B는 '한 병 더'가 두 개, 꽝이 한 개 나오는 사건이니까…….

$P(B)=\frac{{}_2C_2 \times {}_8C_1}{{}_{10}C_3}=\frac{1}{15}$이 되는구나.

"그럼, 결국 우리가 구하려던 세 병 중에 '한 병 더'가 하나라도 섞여 있을 확률 $P(X)=P(A\cup B)=P(A)+P(B)=\frac{7}{15}+\frac{1}{15}=\frac{8}{15}$이 돼요."

"와! 아까 여사건을 이용해서 구한 결과랑 똑같네요."

"당연하지, 그게 다르면 우리가 왜 이걸 배우고 있겠냐? 쯧쯧……."

이야! 너희들끼리 너무나 잘하는구나. 이거 내가 가르치는 게 아무 것도 없는 것 같아서 좀 쑥스러운데?

"선생님, 그런데요. 지금 확률의 합을 이용하는데, $P(A\cup B)=P(A)+P(B)$를 사용했잖아요. 확률 1 수업에서 배운 것도 이거였고요. 근데, 이건 사건 A와 B가 배반사건일 때만 사용할 수 있잖아요. 지금 '한 병 더' 뽑을 확률을 구하는데, 다행히도 두 사건이 배반사건이니까 확률을 합을 이용했지만, 만약 두 사건이 배반사건이 아닌데 확률의 합을 이용해야만 한다면 어떡하죠?"

도로시, 고맙구나. 이 선생님이 민망하지 않게 하려고 질문도 해 주고. 흠흠, 암튼 아주~ 좋은 질문이다. 쉬운 예를 들어 볼까?

주사위 하나를 던졌을 때, 짝수 또는 3의 배수가 나올 확률은?

"이런 쉬운 문제를 이 시점에 왜 물으시는 거죠? 음, 간단히 해결해 드리죠. 주사위 하나를 던지면 6개의 면이 나올 수 있죠. 그러니까 전체 경우의 수는 6이 되죠. 그리고 주사위의 6개 면 중에서 짝수는 2, 4, 6 모두 세 개이고, 3의 배수는 3, 6 두 개가 있어요. 그러니까, 구하는 확률은 $\frac{3+2}{6}=\frac{5}{6}$가 되죠. 음하하하!"

"내, 이럴 줄 알았어요. 우리 첫 번째 시간에 업그레이드 합의 법칙을 배웠잖아. 짝수하고 3의 배수에는 6이 공통되니까 하나를 빼 줘야지. 그러니까 구하는 확률은 $\frac{3+2-1}{6}=\frac{4}{6}=\frac{2}{3}$가 되는 거라고!"

잘했다. 그럼, 정리 한번 해 볼까? 주사위 하나를 던졌을 때 짝수가 나오는 사건을 A, 3의 배수가 나오는 사건을 B라고 할 때, $P(A \cup B)$를 구하는 문제였지?

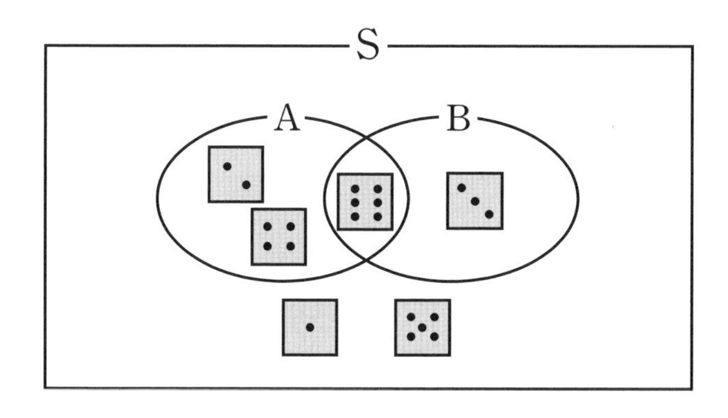

경우의 수에 있어서 합의 법칙은 $(A \cup B$의 경우의 수$)=(A$의 경우의 수$)+(B$의 경우의 수$)-(A \cap B$의 경우의 수$)$가 되지? 그러니까, $P(A \cup B)=\frac{(A \cup B\text{의 경우의 수})}{(\text{전체 경우의 수})}$

$$=\frac{(A\text{의 경우의 수})+(B\text{의 경우의 수})-(A \cap B\text{의 경우의 수})}{(\text{전체 경우의 수})}$$

$$=\frac{(A\text{의 경우의 수})}{(\text{전체 경우의 수})}+\frac{(B\text{의 경우의 수})}{(\text{전체 경우의 수})}$$

$$-\frac{(A \cap B\text{의 경우의 수})}{(\text{전체 경우의 수})}$$가 되지.

그런데, $\frac{(A\text{의 경우의 수})}{(\text{전체 경우의 수})}$가 뜻하는 건 뭘까?

"A가 일어난 확률이요. 즉! $P(A)$이지요."

그렇지? 다시 보자.

$$P(A \cup B)=\frac{(A \cup B\text{의 경우의 수})}{(\text{전체 경우의 수})}$$

$$=\frac{(A\text{의 경우의 수})+(B\text{의 경우의 수})-(A \cap B\text{의 경우의 수})}{(\text{전체 경우의 수})}$$

$$=\frac{(\text{A의 경우의 수})}{(\text{전체 경우의 수})}+\frac{(\text{B의 경우의 수})}{(\text{전체 경우의 수})}$$

$$-\frac{(\text{A}\cap\text{B의 경우의 수})}{(\text{전체 경우의 수})}$$

$$=P(A)+P(B)-P(A\cap B)$$

"그러니까, 배반사건이 아닐 때에는 $P(A\cup B)$를 $P(A)+P(B)-P(A\cap B)$로 구한다는 거네요?"

"그런데, 배반사건이면 어차피 $P(A\cap B)=0$이니까, 배반사건이건 아니건 상관없이 $P(A\cup B)$를 $P(A)+P(B)-P(A\cap B)$로 구하면 될 것 같아요."

그래, 다음과 같이 정리해 볼 수 있지.

중요 포인트

확률의 덧셈정리

$$P(A\cup B)=P(A)+P(B)-P(A\cap B)$$

특히, 사건 A와 B가 배반사건일 경우에는

$$P(A\cup B)=P(A)+P(B)$$

일곱번째 수업 정리

확률의 덧셈정리

$$P(A \cup B) = P(A) + P(B) - P(A \cap B)$$

특히, 사건 A와 B가 배반사건일 경우에는

$$P(A \cup B) = P(A) + P(B)$$

조건부확률

독립사건과 종속사건을 바탕으로 조건부확률에 대해서 알아봅니다.

여덟 번째 학습 목표

1. 독립사건과 종속사건을 이해합니다.
2. 조건부확률을 이해합니다.

카르다노 선생님이 커다란 자루 두 개를 들고 왔습니다. 놀란 아이들이 묻습니다.

"그게 뭐예요?"

"어디서 자꾸 저런 거 갖고 오시는 건지. 이번엔 또 뭘 하라고 그러실지 두려워."

응, 너희들이 좋아하는 볼풀ball-pool 놀이 하려고. 이 자루에든 건 볼풀공들이란다. 이쪽 자루에는 내가 예전부터 갖고 있었던 볼풀공들이 들어 있고, 저쪽 자루에는 이번에 새로 구입한 신상 볼풀공들이 들어 있단다.

카르다노 선생님은 한 자루에서 빨간 공 두 개와 파란 공 세 개를 꺼내 작은 주머니에 넣었습니다.

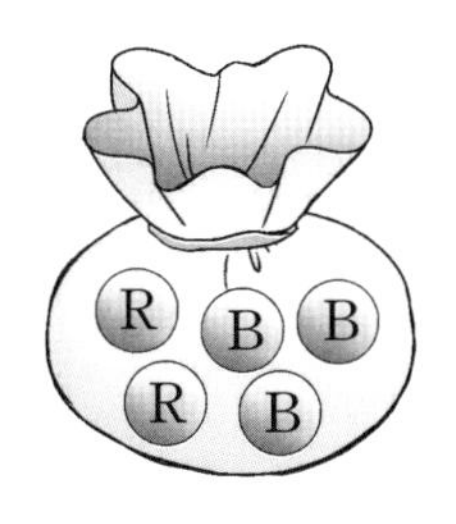

빨간 공 : R
파란 공 : B

"선생님, 그 주머니는 또 언제 갖고 계셨던 거예요? 마술사 같아요. 히히."

확률을 가르치려면 이 정도는 갖추고 있어야지. 자, 이제 시작해 보자. 내가 이 주머니에 손만 집어넣고 눈을 가린 채 공을 꺼낼 건데 그 공이 빨간 공일 확률은?

"잔뜩 준비하시더니, 겨우 그거 물어 보시려고 그랬어요? 너무 쉽잖아요. 아까 빨간 공 두 개, 파란 공 세 개를 집어 넣으셨죠? 공은 총 다섯 개인데, 빨간 공은 두 개니까, 빨간 공이 나올 확률은 $\frac{2}{5}$가 돼요."

그래, 맞아. 질문이 시시하다고? 자, 그럼 공을 두 번 연속해서 뽑으려고 해. 두 번째에 뽑은 공이 빨간 공일 확률은?

아이들은 당황한 듯 눈만 끔뻑끔뻑합니다. 한참이 지나서야 도로시가 질문을 합니다.

"공을 두 번 연속해서 뽑는다고 하셨잖아요. 그럼 처음에 공을 뽑은 다음에 뽑은 공을 다시 넣고 두 번째 공을 뽑는 건가요, 아니면, 그냥 밖에 놔둔 채 다음 공을 뽑는 건가요?"

빙고~!

"생뚱맞게 웬 빙고? 문제를 맞힌 것도 아닌데, 뭔 빙고래요?"

응, 그건 아주 중요한 포인트였거든. 공을 연속으로 두 번 뽑는 것은 주사위나 동전을 연속해서 두 번 던지는 것과는 다르다는 걸 알겠니? 쉽게 생각하기 위해서 주사위로 먼저 생각해 보자.

카르다노 선생님은 품에서 주사위를 꺼내셨습니다.

"헉, 주사위는 또 언제 갖고 계셨대요?"

이제 좀 그만 놀라렴. 자, 내가 이 주사위를 던질 건데 주사위에서 1의 눈이 나올 확률은 얼마나 될까?

"헤헤, 그게 궁금한 게 아니시죠? 이런 쉬운 문제를 내실 리 없잖아요. 아무튼, 그건 $\frac{1}{6}$이에요."

그럼, 이 주사위를 첫 번째 던질 때 1의 눈이 나오는 사건을 A라 하고, 두 번째 던질 때 1의 눈이 나오는 사건을 B라 할게.

그럼, P(A)와 P(B)는 얼마일까?

"언제쯤 본론을 얘기하시려고 뜸을 들이시나요. 헤헤. 아무튼 대답해 드리죠. P(A)와 P(B) 모두 $\frac{1}{6}$이에요."

하하, 그렇지? 그럼, 100번째 던진 주사위의 눈이 1이 나올 확률은?

"그것도 $\frac{1}{6}$이죠. 천 번째도, 백만 번째도 주사위의 눈이 1이 나올 확률은 $\frac{1}{6}$이라고요."

그래그래. 그럼, 이제 내가 물어보려고 했던 걸 물어봐야겠구나. 두 번째 던질 때 1이 나올 확률을 묻는 것이긴 한데 잘 들어라. 첫 번째 던진 주사위에서 1의 눈이 나왔다는 전제하에, 두 번째 던진 주사위가 1이 나올 확률은?

간단히 말하자면, A가 일어나는 전제하에 B가 일어날 확률은 어떻게 될까?

"에? 질문이 너무 복잡해요."

쉽게 말하자면, 두 번째에 1의 눈이 나올 확률, 즉 P(B)가 $\frac{1}{6}$이라는 사실은 우리 모두 알고 있지? 그런데, 첫 번째 1이 나왔다는 사실이 두 번째에 1이 나올 확률에 영향을 미치느냐는 거야.

"아, 그 쉬운 말을 뭘 그렇게 돌려서 하셨어요. 당연히 그대로이죠. 첫 번째에 1이 나오든 6이 나오든, 어떤 수가 나오든 간에 두 번째 시도에서 1이 나올 확률에는 영향이 없죠. 그게 영향을 준다면 주사위이겠어요?"

오케이! 또 빙고! 역시 난 정말 잘 가르치는 것 같아. 하하하!

"뭘 가르쳐 주신 거예요? 저흰 모르겠는데요?"

응, 첫 번째에 1이 나오든 안 나오든 두 번째에 1이 나올 확률에는 영향을 주지 않지. 다시 말하면 사건 A가 일어나든 그렇지 않든 사건 B가 일어날 확률에 영향을 주지 않는다는 말이지. 이럴 때 사건 A와 사건 B는 서로 독립되어 있다고 해. 즉, 사건 A와 사건 B는 '독립사건' 이야.

"독립사건이요?"

중요 포인트

독립사건

사건 A가 일어나든 그렇지 않든 사건 B가 일어날 확률에 영향을 주지 않을 때, 사건 A와 사건 B는 독립사건이라고 한다.

"대한독립만세! 1945년 8월 15일 대한민국은 일본과 서로 별개의 독립국이 되었지요. 일본이 무엇을 하든 우리가 하는 일에 간섭을 할 수 없는 독립국이요."

"응, 그러니까, 우리 부모님이 저에게 뭐라고 하시든 안 하시든 제가 하고 싶은 것을 하는 것! 그게 바로 독립이라는 거죠. 저는 독립적인 아이가 될 거예요. 히히."

그건 독립적인 아이가 아니라, 버릇없는 아이라고 하는 거고. 이제 독립사건에 대한 이해가 어느 정도 된 것 같으니까, 기호를 잠깐 공부해 볼까? 사건 B가 일어날 확률은 간단히 P(B)라고 쓴다는 걸 이미 배웠지. 그럼, 아까 내가 말했던 '사건 A가 일어났다는 전제하에 사건 B가 일어날 확률'의 기호를 어떻게 쓰면 좋을까?

"어쨌든 중요한 건 B가 일어날 확률이고, A가 일어났다는 단서를 다는 것이니까요. $P(B)_A$, 이 정도로 쓰는 게 어떨까요?"

오~ 아주 좋은데? 도로시가 좀 미리 태어났다면, 그렇게 제안하는 것도 좋았겠다. 그런데 보통은 $P(B|A)$라고 쓰지. 이것을 조건이 붙어 있는 확률이라고 해서 조건부확률이라고 해. 도로시가 개발한 기호하고 아주 비슷한 $P_A(B)$가 쓰이기도 해. 하지만 보통은 $P(B|A)$를 사용한단다.

중요 포인트

조건부확률

$P(B|A)$: A가 일어났다고 가정했을 때, B가 일어날 확률

"헷갈리지 않도록 주의해야겠는데요. $P(B|A)$는 A가 일어났을 때 B가 일어날 확률. 에이, 내가 개발한 게 더 안 헷갈리고 좋은데."

그럼, 기호도 배웠으니까 아까 배운 독립사건을 기호로 살펴볼까? 독립사건이란, 사건 A가 일어나든 아니든 간에 사건 B가 일어날 확률에 영향을 주지 않는 거라고 했지? 이걸 기호로 간단히

말해 볼 사람?

“저요, 저요! 히히, 다시 말하면 $P(B)$가 $P(B|A)$와 같다는 거죠. 히히.”

“사건 A가 일어나지 않았다는 사실도 $P(B)$에 영향을 주면 안 되니까, $P(B)$도 $P(B|A^C)$와 같아야 해요.”

“그럼, 결국 $P(B)$, $P(B|A)$, $P(B|A^C)$가 모두 같으면 독립사건이네요.”

중요 포인트

독립사건

$P(B)=P(B|A)=P(B|A^C)$ 일 때,

사건 A와 B는 독립이라고 하며, 두 사건은 독립사건이다.

그럼, 아까 해결하지 못한 문제를 풀어 볼까? 이 주머니에서 공을 연속해서 두 번 뽑을 때, 첫 번째 빨간 공을 뽑을 사건을 A, 두 번째에 빨간 공을 뽑을 사건을 B라고 할 때…….

“아, 이제 알겠어요. 주사위를 연속해서 두 번 던지는 것과 주머니에서 연속으로 공을 두 번 꺼내는 것은 다른 면이 있어요.”

"응? 무슨 얘기들이셔?"

그래, 도로시는 눈치 챘구나. 자, 주머니에서 공을 연속해서 두 번 꺼내는데, 처음 꺼낸 공이 빨간 공일 사건을 A, 두 번째 꺼낸 공이 빨간 공일 사건을 B라고 해 보자. 상황을 두 가지로 나눠서 생각해 보려고 해.

상황 1은 처음에 꺼낸 공을 보고 난 다음에 다시 집어넣은 다음에, 두 번째 공을 꺼내는 거야. 사건 A와 사건 B는…….

"독립사건이에요! 공을 본 다음에 집어넣고 꺼내니까, 첫 번째에 빨간 공이 나오든 파란 공이 나오든 관계없이 두 번째에 빨간 공이 나올 확률은 $\frac{2}{5}$예요. 즉, $P(B)=P(B|A)=P(B|A^C)=\frac{2}{5}$예요."

〈상황 1〉 꺼낸 공을 넣고 다시 꺼낼 때

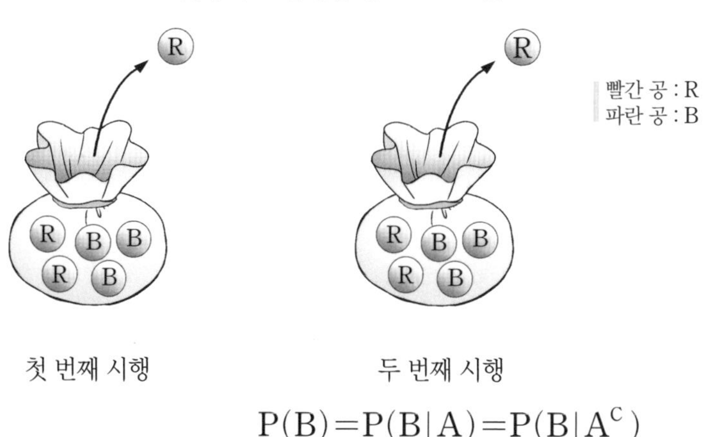

$$P(B)=P(B|A)=P(B|A^C)$$

"그럼, 상황 2는 꺼낸 공을 다시 넣지 않을 때이겠네요. 그럼, P(B)는 굉장히 복잡해지겠는데요. 첫 번째 시행에서 빨간 공이 나올 때와 파란 공이 나올 때로 나눠서 생각해야 할 것도 같고."

그래, 맞단다. $P(B|A)$와 $P(B|A^C)$를 따로따로 생각해 보자꾸나.

〈상황 2〉 첫 번째 꺼낸 공을 다시 넣지 않을 때

(1) 첫 번째 시행에서
빨간공을 꺼냈을 때

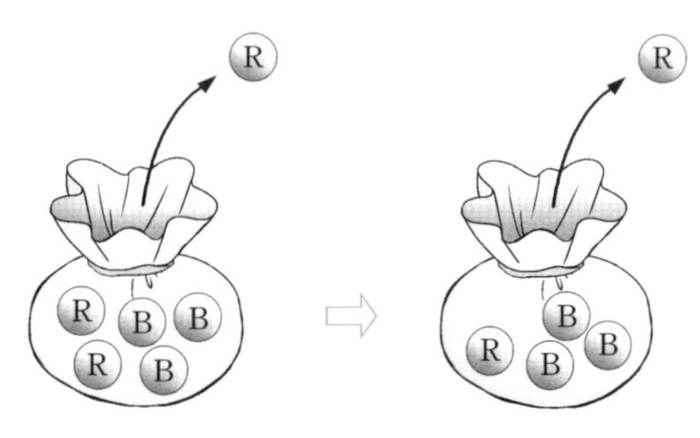

첫 번째 시행 : A　　두 번째 시행 : $P(B|A)=\frac{1}{4}$

(2) 첫 번째 시행에서
파란공을 꺼냈을 때

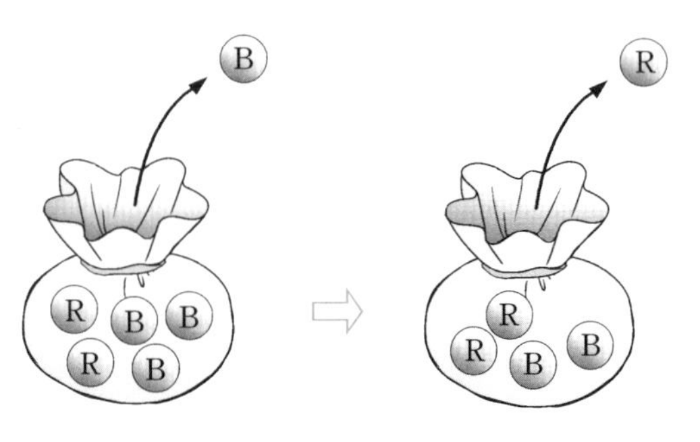

첫 번째 시행 : A^C　두 번째 시행 : $P(B|A^C)=\frac{2}{4}=\frac{1}{2}$

$P(B|A)=\frac{1}{4}$이고, $P(B|A^C)=\frac{1}{2}$이 되지.

"그럼, 결국 $P(B|A) \neq P(B|A^C)$이네요. 그럼, 사건 A와 사건 B는 독립사건이 아니네요?"

그렇지. 독립사건이 아니라는 말은 사건 A가 일어났다는 사실이 사건 B에 영향을 미친다는 말이야.

"생각해 보니, 당연한 결과인 것 같아요. 주사위하고는 다르잖아요. 주사위야 첫 번째에 어떤 눈이 나오든 두 번째에 1의 눈이 나온다는 사실에 영향을 주지 않지만, 주머니 공은 첫 번째 꺼낸 공을 다시 집어넣지 않으면 두 번째에 빨간 공이 나오는 사건에 영향을 미치죠. 그러니까, $P(B|A) \neq P(B|A^C)$이 되는 거고요."

응. 이렇게 서로 독립이 아닌 사건을 종속사건이라고 해.

중요 포인트

종속사건

사건 A가 일어날 경우와 일어나지 않을 경우에 따라 사건 B가 일어날 확률이 달라질 때, 즉

$P(B|A) \neq P(B|A^C)$ 또는 $P(B|A) \neq P(B)$일 때,

사건 A와 사건 B는 종속이라고 하며, 두 사건은 종속사건이라고 한다.

"그래, 난 역시 우리 엄마한테 종속되어 있어. 우리 엄마가 다이어트에 성공하느냐 아니냐에 따라 내 식사 내용도 달라지거든. 완전 종속이야."

"그럼, 엄마도 나에게 종속되어 있는 것 같아. 내 성적에 따라서 엄마 기분이 완전히 달라지거든. 그러면, 또 나는 엄마에게 종속되지."

"선생님! 그런데요. 저 큰 자루 두 개는 왜 가져오신 거예요?"

어느새 카르다노 선생님은 큰 튜브처럼 생긴 것을 갖고 와서 바람을 넣기 시작했습니다. 바람을 다 넣고 나니, 커다란 볼풀장이 생겼고 거기에 자루 속의 공들과 주머니에 넣었던 공 다섯 개도 모두 쏟아 넣었습니다. 도로시와 토토는 신이 나서 볼풀장으로 들어갔습니다. 도로시와 토토가 볼풀장에서 즐겁게 노는 모습을 한참 지켜보던 카르다노 선생님이 이제 됐다는 듯 말씀을 합니다.

자, 이제 놀 만큼 놀았지? 이제 볼풀공을 이용해서 확률 공부를 해 보자.

"내, 그럴 줄 알았어. 놀면서도 언제 말씀 꺼내실지 내내 불안했다고."

"얼른 문제 풀어 드리고 다시 놀자. 흐흐."

그래, 설마 너희들 놀게만 해 주려고 볼풀공을 이렇게 많이 샀겠니? 하하! 자, 내가 처음에 자루 두 개를 가지고 왔었지?

"예. 한쪽은 신상 볼풀공이고, 다른 쪽은 쓰던 거, 한마디로 구상 볼풀공이라고 하죠."

그거 좋구나, '새로 산 볼풀공, 쓰던 볼풀공' 이라는 말보다 간단명료해서 좋아. 자, 이제부터 그럼 '신상공! 구상공!' 이라고 말하기로 하지. 내가 볼풀장에 공 넣을 때 알았겠지만, 신상공 자루와 구상공 자루 모두에는 빨간 공과 파란 공이 섞여 있었어. 마트에서 구입한 건데, 예전에 구상을 구입할 때에도 빨간 것과 파란 것이 섞인 것을 팔았고, 이번에도 빨간 것과 파란 것이 섞여 있더라. 그리고 새로 산 신상공에는 예전에 샀던 구상공과는 다르게 회사 마크가 찍혀 있어. 신상공이든 구상공이든, 혹은 빨간 공이든 파란 공이든, 만지기만 해서는 구별이 안 될 정도로 모양은 똑같단다. 값은 예전에 살 때나 이번에 새로 살 때나 한 자루에 만 원이더구나. 그런데, 값은 같아도 한 자루에 들어있는 공의 수는 반으로 줄었어. 역시 요즘 물가가 많이 오르긴 했나 보다.

자, 이제 각 공의 수를 알려 줄 테니 잘 들어라. 이번에 새로 산 신상공은 모두 100개이다. 그 중에 빨간 공은 20개, 파란 공은 80개였어. 예전에 산 구상공은 모두 200개였는데, 그 중에 빨간 공은 160개, 파란 공은 40개였고…….

카르다노 선생님은 칠판에 공의 개수를 적어 놓았습니다.

	신상공(100)	구상공(200)
빨간공(180)	20	160
파란공(120)	80	40

이제 눈을 가린 채 볼풀장에 손을 넣어 공을 하나 꺼낼 때 그것이 어떤 공인지 맞히는 사람이 이기는 게임을 하려고 해. 토토부터 해 볼까?

"재미없는…… 아니, 너무 재밌는 게임을 또 해야 돼요?"

토토는 투덜대면서도 얼른 끝내고 다시 볼풀 놀이를 할 생각에 눈을 가리고 공을 뽑았습니다.

이제 네가 뽑은 공이 신상공일지, 구상공일지 맞혀 보렴.

"선생님, 아까 신상공이 총 100개이고 구상공이 200개라고 하셨죠? 그럼, 이 공이 신상공일 확률은 $\frac{100}{300}=\frac{1}{3}$이고, 구상공일 확률은 $\frac{200}{300}=\frac{2}{3}$이네요. 그럼, 구상공일 확률이 2배나 높은 거고, 선생님께서도 지금 제가 구상공이라고 답하기를 원하시는 거였죠?"

하하, 토토가 선생님 속을 훤히 들여다보고 있구나. 그런데 어쩌지? 실제로는 신상공을 뽑았으니 말이다. 확률은 가능성일 뿐! 오해하지 말자! 하하. 자, 이번에는 도로시가 뽑아 볼까?

도로시는 얼른 볼풀공 앞으로 가서 눈을 가린 채 공을 뽑았습니다.

도로시! 네가 파란 공을 뽑았구나. 아, 아직 눈은 가리고 있어야 한단다.

"선생님! 가르쳐 주시면 어떻게 해요. 그럼 전 뭘 하나요?"

네가 파란 공을 뽑은 건 내가 알려준 사실이고…… 자, 네가 뽑은 파란 공이 신상공일까, 구상공일까?

고민을 하던 도로시는 모르겠다는 듯이 눈을 떴습니다. 도로시의 손에는 신상공이 들려 있었습니다.

"선생님. 그럴 땐 어떻게 대답해야 하죠? 아까 토토에게는 그냥 신상이냐, 구상이냐를 물으셨잖아요. 그럼, 전체 300개 중에 신상이 100개, 구상이 200개니까, 신상일 확률이 $\frac{100}{300}=\frac{1}{3}$로 대답하면 되는 거였는데…… 파란 공이라는 것은 이미 벌어진 사실이고 그것이 신상일 확률도 그냥 $\frac{1}{3}$인 건가요?"

자, 이제부터 조건부확률을 어떻게 계산하는지를 배워 보려고 한다. 각 사건명을 정하는 것부터 할까? 볼풀장에서 공을 하나 뽑았을 때, 그것이 신상공인 사건은 New의 첫 글자 N이라고 하자. 구상일 사건은 Old의 O, 빨간 공일 사건은 Red의 R, 파란 공일 사건은 Blue의 B라고 하자.

처음에 토토가 공을 뽑았을 때에는 그냥 그 공이 구상일 확률을 구하는 거였지, 그러면 표본공간은여러분들은 표본공간이라는 말이 기억 안 날지도 모르겠습니다. 지금은 그냥 전체 집합 개념으로만 생각하면 됩니다. 전체 볼풀공이지. 그래서 신상공일 확률은 P(N) $=\frac{100}{300}=\frac{1}{3}$이 되는 거란다.

그런데, 도로시가 뽑았을 때에는 파란 공이라는 일은 이미 벌어진 것이고, 그 전제하에 그것이 신상공일 확률을 구해야 하니까, 표본공간은 파란 공 전체가 된단다.

	신상공N(100)	구상공O(200)	
빨간공R(180)	20	160	
파란공B(120)	80	40	표본공간

그러면, 그 중에 신상공일 확률은?

"어, 파란 공은 총 120개이고요, 그 중에 신상공은 80개니까, 파란 공이라는 전제하에 신상공일 확률은 $\frac{80}{120}=\frac{2}{3}$가 되네요."

그렇지! 기호로 표현해 볼까? 그냥 신상공일 확률은 $P(N)$으로 표현할 수 있고, 파란 공이라는 전제하에 신상공일 확률은 $P(N|B)$로 표현 되지.

볼풀공들을 집합으로 생각해 볼게. 공들 전체의 표본공간을 S로 한다면, $n(S)=300$, $n(N)=100$, $n(O)=200$, $n(R)=180$, $n(B)=120$으로 생각할 수 있지. 빨간 공이면서 신상공인 공 20개는 어떻게 표현할까?

"R이면서 N이니까, $n(R\cap N)=20$이라고 할 수 있네요. 나머지도 해 볼까요? $n(\mathrm{R}\cap\mathrm{O})=160$, $n(\mathrm{B}\cap\mathrm{N})=80$, $n(\mathrm{B}\cap\mathrm{O})=40$이 되고요."

여기서 우리가 $\mathrm{P}(\mathrm{N}|\mathrm{B})$를 어떻게 구했는지 살펴보자.

$\mathrm{P}(\mathrm{N}|\mathrm{B})=\frac{80}{120}$으로 구했었지? 이때, 분모 120은 파란 공의 개수 120이고, 분자 80은 파란 공이면서 신상공인 개수 80이지. 그러면, $\mathrm{P}(\mathrm{N}|\mathrm{B})=\frac{n(\mathrm{N}\cap\mathrm{B})}{n(\mathrm{B})}$가 되는구나. 여기서 분자, 분모를 똑같이 $n(\mathrm{S})$로 나눠 보면…….

$\mathrm{P}(\mathrm{N}|\mathrm{B})=\frac{n(\mathrm{N}\cap\mathrm{B})}{n(\mathrm{B})}=\frac{\frac{n(\mathrm{N}\cap\mathrm{B})}{n(\mathrm{S})}}{\frac{n(\mathrm{B})}{n(\mathrm{S})}}=\frac{\mathrm{P}(\mathrm{N}\cap\mathrm{B})}{\mathrm{P}(\mathrm{B})}$가 되는 것이지.

즉, $\mathrm{P}(\mathrm{N}|\mathrm{B})=\frac{\mathrm{P}(\mathrm{N}\cap\mathrm{B})}{\mathrm{P}(\mathrm{B})}$가 되고, 이게 바로 조건부확률을 구하는 공식이란다.

중요 포인트

조건부확률

$$\mathrm{P}(\mathrm{A}|\mathrm{B})=\frac{\mathrm{P}(\mathrm{A}\cap\mathrm{B})}{\mathrm{P}(\mathrm{B})}$$

그럼, 이 공식을 이용해서 파란 공이라는 전제하에 그것이 신상공일 확률을 다시 구해 볼까? $P(N|B)=\frac{P(N\cap B)}{P(B)}$에서, 분모의 $P(B)$는 공을 하나 뽑았을 때 파란 공일 확률이니까, $P(B)=\frac{120}{300}=\frac{2}{5}$이고, 분자의 $P(N\cap B)$는 공을 하나 뽑았을 때, 그것이 신상 파란 공일 확률이니까, $P(N\cap B)=\frac{80}{300}=\frac{4}{15}$가 되지?

그럼, 도로시가 파란 공을 뽑았는데,

그것이 신상공일 확률 $P(N|B)=\frac{P(N\cap B)}{P(B)}=\frac{\frac{4}{15}}{\frac{2}{5}}=\frac{2}{3}$가 되지.

"와, 아까 공의 개수로 그냥 구한 것과 결과가 같아요."

"휴…… 뭔가 중요한 것을 배운 것 같아요. 아…… 피곤한데, 이제 볼풀놀이 하면 안 돼요?"

그래! 어려운 것 이해하느라고 아주 수고했다!

여덟번째 수업 정리

❶ 조건부확률

A가 일어났다고 가정했을 때, B가 일어날 확률. 기호 P(B|A)로 표시합니다.

$$P(B|A)=\frac{P(A\cap B)}{P(A)}$$

❷ 독립사건

사건 A가 일어나든 그렇지 않든 사건 B가 일어날 확률에 영향을 주지 않을 때, 즉 $P(B)=P(B|A)=P(B|A^C)$일 때, 사건 A와 B는 독립이라고 하며, 두 사건은 독립사건이라고 합니다.

❸ 종속사건

사건 A가 일어날 경우와 일어나지 않을 경우에 따라 사건 B가 일어날 확률이 달라질 때, 즉 $P(B|A)\neq P(B|A^C)$ 또는 $P(B|A)\neq P(B)$일 때, 사건 A와 사건 B는 종속이라 하고, 두 사건은 종속사건이라 합니다.

확률의 곱셈정리

확률의 곱셈정리를 이용하는 방법을 알아봅니다.

아홉 번째 학습 목표

1. 확률의 곱셈정리를 이해합니다.
2. 독립시행의 정리를 이해합니다.

미리 알면 좋아요

확률의 곱 사건 A, B가 서로 영향을 끼치지 않는 경우, 사건 A와 B가 동시에 일어날 확률은

(사건 A가 일어날 확률)×(사건 B가 일어날 확률)

자, 이제 놀 만큼 놀았으니까 다시 수업 시작하자!

카르다노 선생님은 다시 주머니를 꺼내서 볼풀장 속에 있는 공을 담기 시작하였습니다. 아까와 마찬가지로 빨간 공 두 개와 파란 공 세 개를 담았습니다.

"선생님, 그거 아까 한 건데요?"

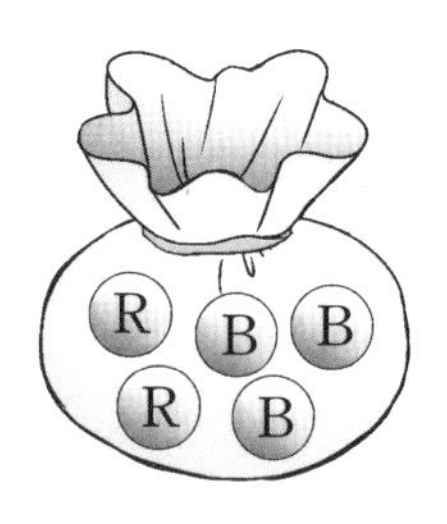

빨간 공 : R
파란 공 : B

설마, 내가 그걸 기억 못하겠니? 아까와는 살짝 다르니까, 잘 들어 보렴. 이 주머니에서 공을 연속해서 두 번 꺼낼 건데, 두 번 모두 빨간 공이 나올 확률을 구하려고 해.

"그때 중요한 것은 꺼낸 공을 다시 넣느냐 아니면 그냥 밖에 놔두고 두 번째 공을 꺼내느냐!"

하하, 도로시가 잘 기억하고 있구나. 생각을 간단히 하기 위해서 우선 기호부터 정하자. 첫 번째 시도에서 빨간 공이 나오는 사건을 A, 두 번째 시도에서 빨간 공이 나오는 사건을 B라고 하기로 하자. 그럼, 우리가 구하는 두 번 모두 빨간 공이 나오는 사건은 $A \cap B$라고 표현할 수 있겠구나. 결국 우리가 구해야 하는 것은 $P(A \cap B)$이지.

"어, 선생님 그건 바로 이전 시간에 배웠던 공식 속에 들어 있었는데요……."

와! 토토가 아주 잘 기억하고 있구나. 그래 조건부확률 공식을 다시 한번 기억해 보자.

"$P(A|B)=\frac{P(A\cap B)}{P(B)}$ 이에요."

그래. 분자에 $P(A\cap B)$가 들어 있구나. $P(A|B)$는 B가 일어났다는 전제하에 A가 일어날 확률이었지. 그럼, 반대로 A가 일어났다는 전제하에 B가 일어날 확률은 어떻게 쓸까?

"$P(B|A)=\frac{P(A\cap B)}{P(A)}$ 가 되겠죠."

그렇지?

첫 번째 식에서는 $P(A\cap B)=P(B)\times P(A|B)$가 얻어지고, 두 번째 식에서는 $P(A\cap B)=P(A)\times P(B|A)$가 얻어지는구나.

중요 포인트

확률의 곱셈정리

$$P(A\cap B)=P(B)\times P(A|B)=P(A)\times P(B|A)$$

이것이 확률의 곱셈정리란다.

"아, 지금 우리가 구해야 하는 것이 $P(A\cap B)$이잖아요. 그리

고 첫 번째 시도에서 빨간 공이 나올 확률 $P(A)=\frac{2}{5}$이니까, $P(A\cap B)=P(A)\times P(B|A)$를 이용하면 구할 수 있을 것 같아요. $P(B|A)$만 알면 끝나는데."

"$P(B|A)$는 A가 일어났다는 전제하에 B가 일어날 확률, 즉 첫 번째 시도에서 빨간 공이 나왔다는 전제하에 두 번째에 빨간 공이 나올 확률이니까. 첫 번째 빨간 공을 뽑고 나면 주머니에는 공이 모두 네 개가 있고, 빨간 공 하나, 파란 공 세 개가 있어요. 그러니까 $P(B|A)=\frac{1}{4}$이 되네요."

"그러면, 결국 $P(A\cap B)=P(A)\times P(B|A)=\frac{2}{5}\times\frac{1}{4}=\frac{1}{10}$이에요. 야호!"

〈상황〉 꺼낸 공을 다시 넣지 않을 때, 두 번 모두 빨간 공이 나올 확률

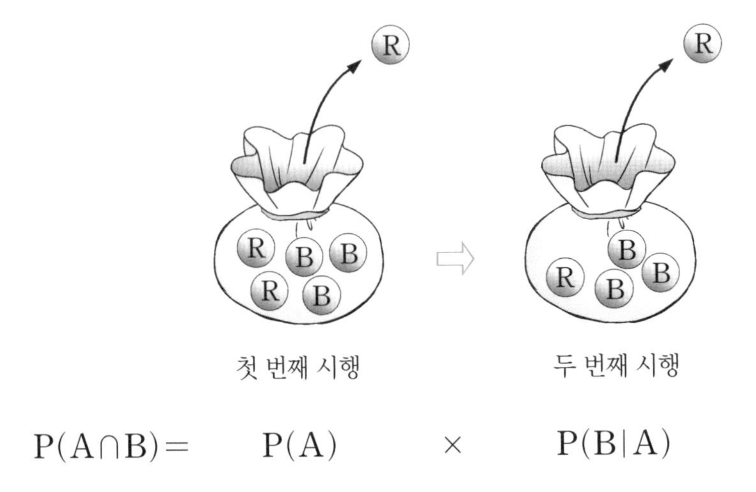

역시 내가 잘 가르치기는 했나보다. 너희들이 이렇게 성장하다니 뿌듯해. 하하! 자, 그럼 내친김에 첫 번째 꺼낸 공을 다시 넣을 때 두 번 모두 빨간 공일 확률을 구해 볼까? 확률의 곱셈정리를 이용하면 간단하지. $P(A \cap B)$를 구하는 건 똑같으니까, $P(A \cap B)=P(A) \times P(B|A)$를 이용하자. $P(A)$는 처음 공이 빨간 공일 확률로 아까와 마찬가지로 $P(A)=\frac{2}{5}$가 되지. 이제 $P(B|A)$만 구하면 되는데…….

"선생님, $P(B|A)$는 첫 번째 빨간 공이 나왔다는 전제하에, 두 번째에 빨간 공이 나올 확률인데요, 지금 하고 있는 것은 첫 번째 나온 공을 다시 집어넣고 두 번째 공을 꺼내는 거잖아요. 다시 집어넣고 두 번째 공을 꺼내니까, 첫 번째에 무엇이 나오든 관계없이 두 번째 나올 확률은 그대로 $P(B|A)=\frac{2}{5}$이에요."

"저번 시간에 배웠던 독립사건이잖아요. 사건 A와 사건 B는 독립사건이라고 배웠잖아요. 어? 그럼, A와 B가 독립사건이면 $P(B)=P(B|A)$라고 했으니까 확률의 곱셈정리를 이렇게 쓸 수 있겠네요. $P(A \cap B)=P(A) \times P(B|A)=P(A) \times P(B)$"

옳거니! 바로 그거야. A와 B가 독립사건일 때에는 $P(A \cap B)=P(A) \times P(B)$로 구할 수 있단다.

중요 포인트

확률의 곱셈정리 – 독립사건의 경우

$$P(A \cap B) = P(A) \times P(B)$$

"그럼, 사건 A와 사건 B가 동시에 일어날 확률은 P(A)×P(B)라는 거네요?"

"선생님! 제가 또 중요한 걸 발견했어요. 확률 1 수업에서 배운 확률의 곱이 바로 이것이었어요. 확률의 곱이란 게 어떤 것이었냐 하면요.

사건 A와 B가 동시에 일어날 확률은 (사건 A가 일어날 확률)×(사건 B가 일어날 확률)로 구한다는 것이었는데요. 이때 중요한 전제조건이 사건 A와 사건 B가 서로 영향을 끼치지 않아야 한다는 것이었어요. 즉, 독립사건을 말하는 거죠."

하하, 이제 눈치챘구나. 그래, 확률 1 수업에서 배웠던 확률의 곱을 업그레이드시킨 게 바로 확률의 곱셈정리이지. 확률 1 수업에서의 확률의 곱은 두 사건이 독립사건일 경우에만 이용할 수 있었지만, 지금 배운 확률의 곱셈정리는 독립사건이 아니어도 이용할 수 있는 거란다.

그러고 보니, 아까 하던 계산을 안 했네? 자, 꺼낸 공을 다시 넣고 두 번째 공을 꺼낼 때, 두 공 모두 빨간 공일 확률은, 첫 번째 공이 빨간 공일 사건 A와 두 번째 공이 빨간 공일 사건 B는 독립사건이므로 두 공 모두 빨간 공일 확률 $P(A \cap B) = P(A) \times P(B) = \frac{2}{5} \times \frac{2}{5} = \frac{4}{25}$가 되는구나.

사실, 이 곱셈정리는 확률 계산에 없어서는 안 될 중요한 정리란다. 많은 문제들이 곱셈정리를 통해서 해결되지. 그럼, 연습을 좀 해 볼까?

어느 마을에 아주 얄미운 참새 한 마리가 나타나서 그 마을 논의 벼를 온통 먹어 치우기 시작했어. 아무리 허수아비를 갖다 놓고 새를 쫓아내려고 해도 영리한 참새는 걸려들지 않았지. 할 수 없이 마을 사람들은 전국에 명사수를 수소문 했어. 드디어 최고의 명사수 '다마쳐, 참잘쏴' 두 명이 마을에 모였지. 둘은 참새가 제일 잘 나타난다는 논에 잠복을 하다가 새가 나타나면 신호를 보내 동시에 새를 향해 방아쇠를 당기기로 했어. 그동안의 명사수 두 명의 전력을 참고해서 같은 상황에서의 명중률을 얻어 냈는데, 다마쳐가 0.9, 참잘쏴가 0.8이었지. 기다린 지 얼마 지나지 않아 참새가 나타났고, 두 명은 동시에 새를 향해 방아쇠를 당겼어. 새가 총에 맞았을 확률은 얼마일까?

"너무 간단하잖아요. 그냥 두 사람의 명중률을 곱하면 되죠. $0.9 \times 0.8 = 0.72$가 되네요."

"그렇게 간단한 문제는 아닌 것 같아. 일단, 두 사람이 쏴서 새를 맞히는 사건이 독립사건인가? 그거부터 생각해야 될 것 같은데요."

그래, 맞다. 우선 두 명은 동시에 새를 쏘지. 만약 한 명이 쏘고 그걸 본 후에 다음 사람이 쏜다면, 혹시 앞사람이 맞혔다는 사실이 혹은 맞히지 못했다는 사실이 다음 사람의 명중에 영향을 미칠 가능성이 있을 수도 있지만, 두 명이 동시에 쏘니까 서로 영향이 없다고 가정해도 될 듯하다. 즉, 두 명이 각각 새를 쏴서 명중시키는 사건은 서로 독립이라고 가정하고 문제를 풀자꾸나.

그리고 두 명이 연달아 쏜다거나 두 명이 연달아 자유투를 던지는 상황도 서로에게 영향을 주는 게 분명하지만, 그렇게까지 고려하면 적당한 모델을 찾기가 너무 힘들기 때문에 보통은 독립사건으로 가정하고 확률을 구한단다.

다시 말하지만 확률을 구하는 목적은 앞날을 예측하기 위한 것이고, 어느 정도에서 타협을 해서 적당한 모델화를 통해 확률을 구하는 것이 경제적이고 합리적이란다.

아무튼 이야기가 좀 옆으로 샌 것 같은데, 다시 명사수 두 명이 참새를 향해서 동시에 방아쇠를 당겼고, 새가 총에 맞았을 확률을 구하는 중이었지. 명사수 두 명이 참새를 맞히는 사건은 독립으로 가정하고 우선 다마쳐가 명중시키는 사건을 A, 참잘쏴가 명중시키는 사건을 B라고 하자.

그러면, $P(A)=0.9$, $P(B)=0.8$이 되겠지? 그런데 아까 토토가 두 사람의 명중률을 곱해서 0.9×0.8을 구했는데, 두 사건이 독립사건이니까, $P(A)\times P(B)$로 계산한다는 것은 $P(A\cap B)$를 구한 것이지. 그럼 A와 B가 동시에 일어날 확률, 즉 다마쳐와 참잘쏴가 둘 다 맞힐 확률을 구한 것이란다.

"아, 잘못했네요. 새가 맞기만 하면 되니까, 두 명 다 맞혀도 되고, 다마쳐만 맞혀도 되고, 참잘쏴만 맞혀도 되고…… 각 경우를 다 구한 다음 덧셈정리를 이용해서 더해 주면 되겠네요."

"그래도 되지만, 새가 총에 맞는다는 말은 두 명 중에 적어도 한 명만 맞혀도 되는 거니까, 여사건을 이용하는 게 간단할 것 같아요."

참새가 총에 맞음	다마쳐 ○	참잘쏴 ○
	다마쳐 ○	참잘쏴 ×
	다마쳐 ×	참잘쏴 ○
참새가 총에 맞지 않음	다마쳐 ×	참잘쏴 ×

"다마쳐가 못 맞힐 확률은 $P(A^C)=1-P(A)=1-0.9=0.1$이고요, 참잘쏴가 못 맞힐 확률은 $P(B^C)=1-P(B)=1-0.8=0.2$예요. 그러니까, 둘 다 못 맞힐 확률은 독립사건의 곱셈정리를 이용해서 $P(A^C)\times P(B^C)=0.1\times 0.2=0.02$가 되고요. 애초에 우리가 구하려 했던 것은 둘 중에 한 명이라도 맞히는, 즉 둘 다 못 맞힐 확률의 여사건이니까, $1-P(A^C)\times P(B^C)=1-0.02=0.98$이 되네요. 와! 각자 맞힐 확률은 0.9, 0.8이었는데, 둘이 같이 쏘니까 맞힐 확률이 0.98이나 되었어요."

그렇지? 새를 잡으려면 한 명만 맞혀도 되니까 확률은 0.98로 높아지지? 협동의 중요성이랄까? 하하하!

그나저나, 너희들 학교시험에서 수학 점수가 몇 점 정도 나오니? 지금 너희가 보여 주는 실력이라면 100점은 문제없을 것 같은데?

"저는 항상 90점 넘고요, 토토는…… 히히."

"왜 이러셔? 나도 이제 수학 영재가 되었다고. 다음 시험에 두고 보시지. 누가 더 잘 볼지."

"저는 수학은 항상 90점 넘는데요. 사회는 도통 모르겠어요. 지난 시험에서 세 문제를 찍었는데 다 틀렸지 뭐예요. 제 짝은 네 문제 찍어서 네 개 다 맞혔다던데."

네 짝은 정말 운이 좋은 거야. 네 개를 찍어서 다 맞히다니.

"그럴 가능성이 얼마나 되는 건데 도로시 짝이 해냈다는 거죠? 보기가 다섯 개이고 정답은 그 중에 한 개이니까 한 문제를 찍어서 맞힐 확률은 $\frac{1}{5}$이고, 각 문항을 맞히는 사건은 독립사건이니까, $\frac{1}{5}\times\frac{1}{5}\times\frac{1}{5}\times\frac{1}{5}=\frac{1}{625}$이네요. 헉, 625번에 한 번 꼴로 일어날 수 있는 일을 해낸 거네요?"

그러네. 그 친구랑 친하게 지내라. 하하! 그럼, 도로시가 세 문제를 찍어서 세 문제 다 틀릴 확률도 구해 볼까? 우선, 한 문제 틀릴 확률은 $1-\frac{1}{5}=\frac{4}{5}$이지. 그럼, 세 개 다 틀릴 확률은 역시 독립사건이니까, $\frac{4}{5}\times\frac{4}{5}\times\frac{4}{5}=\frac{64}{125}$. 계산기를 두드려 보니, 대략 0.51 정도 되는구나. 절반이 넘으니까, 세 문제 다 틀릴 가능성이 그렇지 않을 가능성 보다 크다는 거야. 도로시는 그 반대를 기대했겠지? 즉 세 문제 중에 한 문제라도 맞힐 확률 말이야. 그건, 여사건이니까, $1-0.51=0.49$가 되지.

"역시 한 문제라도 맞힌다는 것이 더 어려운 일이었군요."

"세 개 다 틀릴 확률하고, 적어도 한 문제 맞힐 확률은 지금 쉽게 구했잖아요. 확률의 곱셈정리하고 여사건의 확률을 이용해서요. 그럼, 세 문제 중에 딱 한 문제만 맞힐 확률은 어떻게 구할까요? 또는 세 문제 중에 딱 두 문제만 맞힐 확률은요?"

그래, 우리 그거 해 볼까? 하하! 사실은 너희들이 배울 건 이제 그것뿐이란다. 그것만 배우고 나면 이제 거의 모든 확률 문제를 해결할 수 있지.

"와, 정말이요? 얼른 해요, 얼른요!"

먼저, 세 문제 중에 딱 한 문제만 맞힐 확률을 계산해 볼까?

"딱, 한 문제만 맞힌다는 건, 1번 문제를 맞힐 수도 있고, 2번 문제를 맞힐 수도 있는 거고, 3번 문제를 맞힐 수도 있는 경우를 말하는 거잖아요."

"그 각각을 구해서 더하나요?"

카르다노 선생님은 칠판에 한 문제만 맞히는 상황을 적습니다.

	1번	2번	3번	
(1) 1번 문제만 맞힐 때	○	×	×	$\frac{1}{5}\times\frac{4}{5}\times\frac{4}{5}=\frac{1}{5}\times\left(\frac{4}{5}\right)^2$
(2) 2번 문제만 맞힐 때	×	○	×	$\frac{4}{5}\times\frac{1}{5}\times\frac{4}{5}=\frac{1}{5}\times\left(\frac{4}{5}\right)^2$
(3) 3번 문제만 맞힐 때	×	×	○	$\frac{4}{5}\times\frac{4}{5}\times\frac{1}{5}=\frac{1}{5}\times\left(\frac{4}{5}\right)^2$

먼저, 1번 문제만 맞힐 확률은 $\frac{1}{5}\times\frac{4}{5}\times\frac{4}{5}$이고, 2번 문제만 맞힐 확률은 $\frac{4}{5}\times\frac{1}{5}\times\frac{4}{5}$이고, 3번 문제만 맞힐 확률은…….

"선생님, 잠깐만요. 1번 문제만 맞힐 확률이나 2번 문제만 맞힐 확률이나 모두 $\frac{1}{5}$ 한 개에다가 $\frac{4}{5}$를 두 개 곱하는 것으로 마찬가지잖아요. 3번 문제만 맞힐 확률도 그럴 테고요. 한마디로 셋 다 $\frac{1}{5}\times\left(\frac{4}{5}\right)^2$이라는 거잖아요."

하하, 그렇지. 그래서, 결국 세 문제 중에 한 문제만 맞힐 확률은 $3\times\frac{1}{5}\times\left(\frac{4}{5}\right)^2$이 된단다.

이제 조금 더 업그레이드를 시켜 볼까? 자, 토토와 도로시는 잘 들어 봐. 만약 다섯 문제를 찍어서 맞혀야 하는데 딱 두 문제만 맞힐 확률은?

일단, 다섯 개 중에서 두 개는 맞히고, 세 개는 틀려야 하니까 $\left(\frac{1}{5}\right)^2\times\left(\frac{4}{5}\right)^3$이 되겠고요. 그리고 이제 두 문제만 맞히는 경우가 어떻게 되는지를 따져봐야 하는데."

"칠판에 적어 봐요."

토토가 칠판에 적기 시작합니다.

〈상황〉 다섯 문제 중 두 문제만 맞히는 경우

1번	2번	3번	4번	5번
○	○	×	×	×
○	×	○	×	×
○	×	×	○	×
○	×	×	×	○
×	○	○	×	×
×	○	×	○	×
×	○	×	×	○
×	×	○	○	×
×	×	○	×	○
×	×	×	○	○

"헥헥, 다섯 문제 중에 딱 두 문제를 맞히는 경우는 이렇게 총 10 가지가 있네요. 그러면 구하는 확률은 $10\times\left(\frac{1}{5}\right)^2\times\left(\frac{4}{5}\right)^3$이에요."

"이런 바보! 그걸 왜 다 쓰냐. 낄낄. 네가 적은 건 '5문제 중에 맞히는 문제 두 개를 골라내는 경우의 수'가 몇 개냐를 알아보는 거였잖아. 적을 필요 없이 5개 중에 두 개를 골라내는 경우의 수가 몇 개인지만 구하면 된다고. 바로 조합이지. ${}_5C_2$를 구하면 바로 나오는데! 히히, ${}_5C_2=\frac{5\times4}{2\times1}=10$이잖아. 우리가 구하는 5문제를 찍어서 2문제만 맞힐 확률은 바로 ${}_5C_2\left(\frac{1}{5}\right)^2\times\left(\frac{4}{5}\right)^3$이라고."

도로시 대단한걸. 토토도 잘 했다. 그렇게 궁금한 걸 직접 적어보고 실험해 보는 건 아주 좋은 습관이야. 모든 공식은 다 그런 과정을 거쳐서 나오는 거란다. 지금 도로시가 말한 게 바로 '독립시행의 정리'란다.

"독립시행이요?"

그래. 지금 각 문제를 찍어서 맞히는 것처럼 동일한 시행을 반복하는데, 각 시행의 결과가 서로 독립적일 때 이런 시행을 독립시행이라고 해. 독립시행의 정리라는 것은 '사건 A가 일어날 확률이 p인 시행을 독립적으로 n회 반복할 때, n회의 시행 중 사건 A가 r회 일어날 확률은 ${}_nC_rp^r(1-p)^{n-r}$이 된다'라고 하는 것이지.

중요 포인트

독립시행의 정리

사건 A가 일어날 확률이 p인 시행을 독립적으로 n회 반복할 때, n회의 시행 중 사건 A가 r회 일어날 확률은

$$_{n}C_{r}p^{r}(1-p)^{n-r}$$

자, 이제 확률 계산의 기본적인 공식은 모두 배웠단다. 너희들이 원하는 거의 모든 확률을 다 구할 수 있을 거야. 우리 다음 시간에 확률을 이용한 여러 가지 이야기를 나눠 보자.

아홉번째 수업 정리

1 확률의 곱셈정리

$$P(A \cap B) = P(B) \times P(A|B) = P(A) \times P(B|A)$$

특히, 독립사건의 경우에는

$$P(A \cap B) = P(A) \times P(B)$$

2 독립시행의 정리

사건 A가 일어날 확률이 p인 시행을 독립적으로 n회 반복할 때, n회의 시행 중 사건 A가 r회 일어날 확률은

$${}_nC_r p^r (1-p)^{n-r}$$

확률의 여러 가지 모습

생활 속의 확률

우리 생활 속에서 어떻게 확률을 이용하는지 알아봅니다.

열 번째 학습 목표

확률의 계산을 이용하여 생활 속의 문제를 해결할 수 있습니다.

"토토! 여기까지 와서 컴퓨터 게임이니?"

"헤헤, 집에서는 엄마 눈치 보느라고 제대로 연습을 못 한단 말이야. 지금은 쉬는 시간이니까 선생님께서 해도 된다고 하셨어."

"게임이 무슨 스포츠니? 연습하게."

그냥 두려무나. 내일 전교 컴퓨터 게임 대회에 반 대표로 나간대. 토토가 또 언제 반 대표로 대회에 나가겠니. 하하.

"왜 그러세요. 이래 봬도 저는 우리 반에서 단연 독보적인 존재라고요."

"그래? 그렇게 밤낮으로 하더니. 그럼, 아주 더 열심히 해서 프로게이머가 되는 건 어때?"

"사실, 고민이야. 내가 이만큼 재미있게 열심히 해 본 일이 없었거든. 그런데 그 꿈을 이루기 위해서 이번 대회가 나한테는 정말 중요하다고."

"그 대회 한 달에 한 번씩 있는 거 아냐? 대회 있다는 말을 매달 들었던 것 같은데?"

"그래, 맞아. 하지만 우리 반이 출전하기는 이번 대회가 처음이야. 우리 반에서는 감히 나를 따를 사람이 없을 정도인데, 그런데 그런 내가 만약 이번 전교 대회에서 죽을 쑨다면 난 완전히 자신감을 잃어버릴 거야. 그래서 계속 연습하는 거라고."

그래? 그럼 우리 놀라운 확률의 힘을 한번 볼까?

"예? 확률의 힘이요?"

그래. 확률이 토토에게 어떻게 힘을 주는지 한번 볼까? 우선, 토토는 네가 내일 대회에서 우승할 가능성이 어느 정도일 것이라고 보고 있니?

"음. 그동안 다른 반 아이들하고 경기했던 경험을 돌이켜 보면…… 아주 객관적으로 봐서 50% 정도로 생각해요."

그렇구나. 성공 확률을 $\frac{1}{2}$로 보고 있군. 그럼, 내일 실패할 확률도 $1-\frac{1}{2}=\frac{1}{2}$이 되겠지?

"그렇죠. 그러니까 더 떨려요."

잘 들어라. 이번 대회뿐만 아니라, 너희들이 앞으로 인생을 살

아가면서 닥칠 순간순간에 긍정적이고 낙천적으로 도전하는 것이 얼마나 중요한지 이야기하마. 분명히 내일 대회에서 성공할 확률은 $\frac{1}{2}$, 실패할 확률도 $\frac{1}{2}$이지? 그럼, 토토가 이번 대회에서 실패하고 다음 대회에서도 실패할 확률은?

"$\frac{1}{2}\times\frac{1}{2}=\frac{1}{4}$이네요."

그렇지. 두 번 모두 실패할 확률이 $\frac{1}{4}$이라는 말은 두 번 시도해서 적어도 한 번 성공할 확률은 $1-\frac{1}{4}=\frac{3}{4}$, 즉 75%가 된다는 말이구나. 이번에는 다섯 번을 계속 시도했는데 모두 실패할 확률을 구해 볼래?

"$\left(\frac{1}{2}\right)^5=\frac{1}{32}$이요."

다섯 번 모두 실패할 확률이 $\frac{1}{32}$이라는 말은 반대로, 다섯 번 시도해서 한 번이라도 성공할 확률이 $1-\frac{1}{32}=\frac{31}{32}$, 즉 대략 96.9%라는 말이지. 이게 뜻하는 건 뭘까?

"토토가 대회에 다섯 번 출전하면 96.9%나 성공할 가능성이 있다는 말이네요. 토토, 대단한데? 다섯 번 출전하면 거의 성공한다고 봐야겠네. 미리 축하해!"

"진짜? 난 우승할 확률이 50%라고 생각했는데, 다섯 번 나가면 우승은 따 놓은 당상이겠네요? 야호!"

그뿐인 줄 아니? 열 번을 시도하면 성공할 확률이 99.9%란다. 이건 성!공!보!장!이라는 뜻이지.

"와우! 그럼, 저는 앞으로 이 대회에 꾸준히 나갈래요. 열 번 나가면 한 번은 성공하는데, 뭐 이번에 우승 못한다고 해서 낙담할 필요가 전혀 없네요!"

그래, 바로 그거야! 그런데 여기서 중요한 게 있단다. 사실, 앞에서 계산할 때 대회에 출전해서 게임에 임하는 자세가 '독립적'이어야 한다는 말이야. 실생활에서 매번 시행이 독립적이기는 어렵다. 이번에 실패했으면 다음 시도에서 그 기억 때문에 더 긴장하게 되기 마련이지. 하물며 네 번이나 실패한 사람이라면 속으로 '난, 분명히 이번에도 실패할 거야' 라는 마음을 갖기 쉽고 그래서 자신감이 없어지고 바로 그 부족한 자신감 때문에 실패할 확률을 높이고 있는 것이지. 그런데, 너희들은 이미 결과를 알고 있잖니. 아무리 실패해도, '난 언젠가 꼭 성공하게 되어 있는 사람이라고' 라는 걸. 너희들 마음먹기 달렸다는 것이란다. 매번의 시도를 독립시행으로 만들어서, 늘 새롭게 도전하는 마음으로 너희 자신을 믿는다면 성공은 따 놓은 당상이라고!

"아! 선생님이 앞에서 '긍정적이고 낙천적인 도전!' 이라고 말씀하셨던 게 그거군요."

그래! 그렇단다.

"히히! 이제 게임 대회 우승도 내 손 안에 있고, 확률 공부에도 많은 자신감이 생겼어! 마침 다음 수학 시험 범위는 확률이니까, 난 당연히 100점 맞을 거야. 내가 100점 맞을 가능성은 음…… 99%야."

"왜? 100%라고 하시지. 토토 네 실력이 좋아진 건 인정하겠지만, 너같이 덜렁대는 애가 무슨 100점이야? 네가 이번 시험에서 100점 못 맞을 가능성이 99%라고 생각해."

"선생님이 방금 가르쳐 주신 거 벌써 잊었니? 이번 시험에 비록 100점을 못 받더라도 계속 도전하면……."

"확률 시험 범위로 시험 보는 건 이번 한 번뿐이라는 걸 잊었니? 아무 때나 이용하려고 그래."

하하! 싸우지들 말고! 그래, 이번에는 계속 시도하는 것 말고 이번 시험에서 만점 받을 확률에 대해서 알아보자. 도로시부터 대답해 볼래? 정말 토토가 100점 맞지 못 할 확률이 99%라고 생각해?

"예? 에…… 또 선생님이 그렇게 물으시니까. 뭐, 말이 그렇다는 거고."

자, 지금부터 너희들의 속마음을 내가 맞춰 볼게. 너희들 자신도 모르는 속마음일 수도 있으니까 너무 놀라지는 마. 하하.

선생님은 아까 놀던 볼풀장으로 가서 빈 자루에 공을 담기 시작했습니다. 공을 어느 정도 담은 카르다노 선생님은 토토에게 질문하였습니다.

잘 들으렴. 이 자루에는 공이 100개가 들어 있어. 빨간 공이 90개, 파란 공이 10개 있지. 네가 지금 이 자루에 손을 넣어서 빨간 공이 나오면 내가 만원을 주마. 그런데, 네가 지금 자루에서 공을 꺼내는 걸 거부한다면?

"예? 그걸 왜 거부해요. 당장 할게요."

더 들어 봐. 네가 지금 공 꺼내는 걸 거부한다면, 시험을 볼 때까지 기다릴게. 수학 시험이 100점이 나오면 그때 만원을 주마.

"뭘 더 들어 봐요. 그냥 지금 공 꺼낼게요."

"내 그럴 줄 알았어. 너 100점 맞을 가능성이 99%라며…… 근데, 지금 자루에서 빨간 공이 나올 확률보다 낮게 생각하는 거 아냐. 공은 모두 100개이고 빨간 공은 90개이니까, 빨간 공이 나올 확률은 90%라고."

하하, 도로시가 눈치 챘구나. 토토는 99%라고 자신했지만 진짜 속마음은 만점 받을 확률을 빨간 공이 나올 확률 90%보다 낮게 생각하고 있었던 거야. 이제 공을 좀 바꿔 볼까?

선생님은 자루에서 공을 꺼내 다른 공으로 채워 넣더니 다시 질문을 합니다.

자, 이제 이 자루에는 빨간 공이 60개, 파란 공이 40개다. 질문은 똑같아. 지금 꺼내서 빨간 공이 나오면 만원을 줄게. 만약 공을 꺼내는 걸 포기한다면 수학 100점이 나오는 걸 확인하고 만원을 줄게.

"음. 그래도 지금 빨간 공을 꺼낼 것 같은데요. 히히. 결국 저는 100점 맞을 확률을 60%도 안 되게 보고 있는 거네요. 자루에 빨간 공이 50개쯤 들어있다면, 빨간 공 꺼내는 것 대신 시험 점수를 갖고 만원을 받는 것을 기대할래요."

"에이! 그럼 토토는 자신이 100점 맞을 확률을 50%~60% 정도로 생각하고 있는 거잖아."

그렇단다. 이렇게 빨간 공의 수를 조절해 가며 질문을 해서 범위를 좁히면 토토가 진짜 속마음에서 자신이 100점 맞을 확률을 얼마로 생각하는지를 알 수 있지. 이것을 '드 피네티 게임'이라고 한단다. 드 피네티는 이탈리아의 통계학자야. 우리가 일상생활에서 확률이라는 말을 흔히 사용하는데, 그건 사실 주관이 많이 개입되지. 방금도 토토는 자신이 100점 맞을 확률을 99%라고 했지만, 실은 50%~60% 정도밖에 생각하고 있지 않았잖아. 그래서 드 피네티는 주관적 확률을 수학적으로 표현하는 연구를 했고 아까 내가 했던 방법을 고안해냈단다.

"선생님! 지금 우리가 확률에 대해서 이야기하고 있잖아요. 확률이라는 건 앞날을 예측하는 도구이고요. 그런데, 어쩐지 확률은 다른 수학 분야랑은 조금 다르다는 느낌이 들어요. 수학은 딱 딱 떨어진다는 느낌 때문에 명확하고 진실하고, 어쨌든 그런 학문이라는 생각을 갖고 있었는데 확률은 왠지 확실히 그런 일이 일어난다든가, 일어나지 않는다든가 이런 게 아니라 70%로 일어날 것이다. 일어날 가능성이 얼마다…… 뭐, 이런 식으로 얘기하고요. 90%의 가능성이 있는 일도 안 일어날 수 있고, 우연이라는 게 늘 존재하고요."

그렇게 생각하는구나. 그래. 확률은 앞날을 예측하는 도구이지. 확실히 일어날지 안 일어날지가 아니라 일어날 가능성의 정도를 알려 준단다. 우연이라고 했니? 그래. 확률은 우연을 연구하는 학문이라고도 해. 확률 1 수업에서 많이 한 이야기이지만, 고대에는 그런 우연을 신의 뜻이라고 생각했고, 그래서 그 우연을 연구했단다. 그것이 확률 연구의 시작이라고 할 수 있지. 물론 현대의 확률론은 도박을 연구하면서부터였지만 그것도 우연히 일어나는 도박의 결과를 어떻게든지 알아내서 돈을 많이 벌고자 한 데서 시작된 거란다. 그런 연구를 시작한 것이 나라는 건 이미 알고 있겠지?

"우연을 연구하는 학문이라…… 그럼, 이것도 확률로 이야기할 수 있을까요? 얼마 전에 들은 이야기인데요. 이 세상 사람들 중

아무나 두 명을 선택해도 그들은 여섯 단계만 거치면 아는 사이라는 것이에요. 그게 사실일까요? 저 멀리 아프리카 끝의 어느 나라에 있는 사람과 제가 결국 아는 사이라뇨……."

그와 비슷한 일은 우리 주변에서 아주 많이 일어나지 않니? 그렇게 신기한 일은 아닌 것 같은데. 저번에 내 친구가 택시를 탔는데, 택시기사님과 얘기를 나누다 보니까, 글쎄 그분이 전에 다녔던 회사 동료의 아들이었지 뭐냐. 그보다 더 신기한 일에 관한 얘기도 많이 들었는데 어느 남녀가 재혼을 위해 선보러 나갔는데, 나가서 보니 30년 전에 전쟁 통에 헤어진 부부였다던가 뭐 그런 우연에 얽힌 이야기들 말이지.

"어떻게 그런 일이 생길까요?"

그것이 우연이라는 거지. 이 세상의 수십만, 수백만 가지의 일들 중 하나인 것이 그런 일들이란다. 그런 우연을 설명해 주는 게 바로 확률이란다.

자, 토토 너희 반 아이들이 총 몇 명이지?

"20명이요."

그 중에 생일이 똑같은 아이들이 있을 가능성은 얼마나 될 것 같니?

"20명 중에요? 에이, 생일은 365가지인데 그 중에 생일이 같은 아이가 있다면 진짜 신기한 일일걸요. 20명 중에 생일이 같은 아이가 있을 확률은 한 0.5% 정도?"

"우리 그 확률 한번 구해 봐요. 음, 일단 1번 학생의 생일이 있을 테고 2번 학생은 그 생일과는 달라야 하니까, 2번 학생의 생일이 1번 학생의 생일과 다를 확률은 $\frac{364}{365}$가 되겠지. 또 3번 학생 생일은 1번, 2번 학생의 생일과 또 달라야 하니까 3번 학생이 1,

2번 학생의 생일과 다를 확률은 $\frac{363}{365}$이 되겠죠?"

그럼, 우선 1, 2, 3번 학생 생일이 모두 다를 확률을 구하면?

"$\frac{364}{365} \times \frac{363}{365}$이 되겠네요."

자, 그럼 1번부터 20번까지 학생의 생일이 모두 다를 확률을 쭉 불러 봐라.

"예! $\frac{364}{365} \times \frac{363}{365} \times \frac{362}{365} \times \frac{361}{365} \times \frac{360}{365} \times \cdots \times \frac{347}{365} \times \frac{346}{365}$입니다. 카르다노 선생님."

그래. 잘 했구나. 지금 구한 게 너희 반 학생 20명의 생일이 모두 다를 확률이지? 그럼, 그 여사건은 뭘까?

"20명 중에 같은 생일이 있을 확률이요? 아, 이게 우리가 구하려던 확률이네요!"

그렇지, 그럼 우리가 구하고자 하는 확률은?

"$1-\frac{364}{365} \times \frac{363}{365} \times \frac{362}{365} \times \frac{361}{365} \times \frac{360}{365} \times \cdots \times \frac{347}{365} \times \frac{346}{365}$이지요."

"이렇게도 구할 수 있지 않을까요? 우선 우리 반 아이들의 생일이 나오는 모든 경우의 수는 365^{20}이 될 테고요. 우리 반 아이들의 생일은 365개 중에 20개가 나와야 하니까, 그 경우의 수는 ${}_{365}C_{20}$이 돼요.

그러면 우리 반 아이들의 생일이 모두 다를 확률은 $\frac{{}_{365}C_{20}}{365^{20}}$이 되고, 그 여사건인 우리 반 아이들 중에 같은 생일이 있을 확률은 $1-\frac{{}_{365}C_{20}}{365^{20}}$이 돼요."

그래, 둘 다 아주 잘 했구나. 계산기를 두드려 보면, 대략 60.6%가 나오는구나. 이게 뭘 뜻하는지는 잘 알겠지?

"아, 그럼, 우리 반 20명 중에 생일 같은 아이들이 있을 확률이 절반을 넘는 거잖아요. 우와! 그럼 그런 아이들이 있을 가능성이 그렇지 않을 가능성보다 크다는 거!"

"이거 정말이에요? 믿을 수 없어요."

너희가 직접 계산하지 않았니? 하하. 믿을 수 없다는 반응은 20명 중에 생일이 있을 확률을 '너희 자신과 생일이 같은 아이가 있을 확률'과 혼동되어서가 아닐까 한다. 보통 우연히 일어난 일에 대해 놀라는 것은 이 세상의 많은 일 중에 발생한 신기한 일이 두드러져서 이야기되기 때문이지. 그런 일이 늘 항상 자기 자신에게 발생하는 것은 아닌데 말이야. '아무리 가능성이 낮은 일이라도 시행 횟수가 많아지면 언젠가는 일어난다'는 것과도 무관하지는 않지.

자, 이렇게 우리 직관하고 다른 확률이야기를 더 해 볼까?

카르다노 선생님은 부엌에서 뭔가를 준비하더니 몇 분 후에 쟁반을 들고 왔습니다. 거실로 들어서는 카르다노 선생님의 모습을 보고 토토와 도로시는 웃음을 터뜨렸습니다.

"선생님! 왜 그릇을 다 엎어서 갖고 오세요?"

자, 다시 돌아 온 재미있는 게임시간!

카르다노 선생님이 갖고 온 쟁반에는 밥그릇 세 개가 엎어져 있었고, 각 그릇 위에는 1번~3번까지의 번호가 붙어 있었습니다.

자, 이 세 그릇 중에 한 곳에는 만 원짜리가 있단다. 다른 두 그릇 속에는 아무것도 없지. 누가 게임을 해 볼래?

"저요, 저요! 만 원 받기 하는 거죠?"

하하, 그래 역시 토토의 도전 정신이 좋아. 확률 공부를 하려는 거니까, 실패해도 벌칙은 안 줄게. 얘기했듯이 세 그릇 중 한 곳에는 만 원짜리가 있고, 다른 두 곳은 비어 있어. 간단해. 그냥 세 번호 중 하나를 선택해라. 그 곳에 만 원짜리가 있으면 그거 그냥 가지면 돼.

"뭐예요. 그렇게 간단한 것인 줄 알았으면 내가 하는 건데."

도로시는 무척 아쉬운 듯하고, 반면에 토토는 환호성을 지르고 있습니다.

"히히! 선생님 저는 1번을 선택할래요. 그럼, 어디 한번 열어 볼까?"

아, 잠깐만 토토! 네가 고른 1번 그릇을 열어 보는 것은 잠시 보류하자꾸나. 그 전에 이걸 보렴.

카르다노 선생님은 3번 그릇을 열어 보입니다. 거기에는 아무것도 없습니다.

자, 다들 보다시피 3번 그릇 안에는 만 원짜리가 없구나. 이 3번 그릇을 열기 전에 토토는 1번을 선택했었지? 토토야, 그릇을 고를 수 있는 기회를 다시 한 번 더 주마. 네 선택을 바꿀래? 아니면, 그냥 1번 그릇으로 할래?

"음…… 제가 고른 것은 1번이고, 선생님이 3번을 열어 주셨지만, 거기에 아무것도 없으니까 뭐 그대로 1번으로 할래요. 아니, 괜히 바꾸고 싶네. 2번 할까?"

"선생님, 토토가 1번을 골랐을 때에는 1번에 만원이 있을 확률이 $\frac{1}{3}$이었잖아요. 그런데, 선생님이 3번을 열어 주셨고, 거기에는 아무것도 없었으니까, 이제 돈이 있을 가능성은 1번과 2번밖에 없는 것이 되었죠. 아까는 1번에 돈이 있을 확률이 $\frac{1}{3}$이었지만, 지금은 1번과 2번 똑같이 $\frac{1}{2}$의 확률이 되었어요. 그러니까, 저 같으면 그냥 1번 그대로 있을 것 같은데요?"

과연 그럴지 한번 살펴볼까? 간단히 말하면 이렇단다. 1번을 선택한 것은 1번에 돈이 있을 가능성이 $\frac{1}{3}$일 때였지. 그런데, 내가 3번을 열어 준 것은 토토가 선택한 다음이고. 3번 그릇을 열어 준 것은 나이기 때문에 토토가 선택한 1번에 돈이 있을 확률은 그대로 $\frac{1}{3}$이란다. 그럼, 남은 것은 2번뿐이니, 2번에 돈이 있을 확률이 $1-\frac{1}{3}=\frac{2}{3}$가 되는 거지. 따라서 토토는 2번으로 바꾸는 것이 유리하단다. 확률이 2배나 높지.

"예? 어쩐지 선생님이 저희를 속이는 것 같은데요?"

어렵지? 다르게 설명해 보마. 선택은 토토가 했지. 1번이라고. 그리고 중요한 것은 이 그릇 속에 돈을 넣은 것은 나고, 나는 어디에 돈이 있는지 알고 있단다. 그러니까 내가 3번을 열어 준 것은 결코 우연이 아니라는 거야. 나는 어디에 돈이 있는지를 생각해서 3번을 열어 준 것이란다. 경우를 나누어서 생각해 보자. 잘 들으렴.

카르다노 선생님은 칠판에 적기 시작하였습니다.

토토가 1번을 선택했는데, 내가 3번을 열어주는 경우는 어떤 때일까?

(A) 1번에 돈이 있고, 카르다노가 3번을 연다.

(B) 2번에 돈이 있고, 카르다노가 3번을 연다.

(C) 3번에 돈이 있고, 카르다노가 3번을 연다.

이 중에 말이 안 되는 것은?

"(C)번이요. 선생님은 돈이 어디에 있는지 아시기 때문에 토토가 1번을 골랐을 때, 3번을 열어줄 리 없어요. 선생님은 돈이 없는 곳을 열어서 보여주시고는 저희를 헷갈리게 하셨을 테니까요. 그리고 실제로도 3번에는 돈이 없었고요."

그렇지? 그럼 다시,

(A) 1번에 돈이 있고, 카르다노가 3번을 연다.

(B) 2번에 돈이 있고, 카르다노가 3번을 연다.

이 둘 중에 하나가 벌어진 거지.

"예. 그렇죠. 그런데 이걸 왜 쓰신 거죠?"

(A)번과 (B)번은 같은 비율로 나타날까? 그렇지 않지. 만약 (B)번 상황이었다면, 즉 토토가 1번을 택했고 돈이 2번에 있었다면, 나는 3번을 열어줄 수밖에 없었지.

그런데, (A)번은 조금 다르단다. 1번에 돈이 있었는데, 토토가 1번을 택했다면, 나는 2번을 열어줄 수도 있었고, 3번을 열어줄 수도 있었단다. 그냥 둘 중에 아무거나 택해서 3번을 열었던 것이라는 거야.

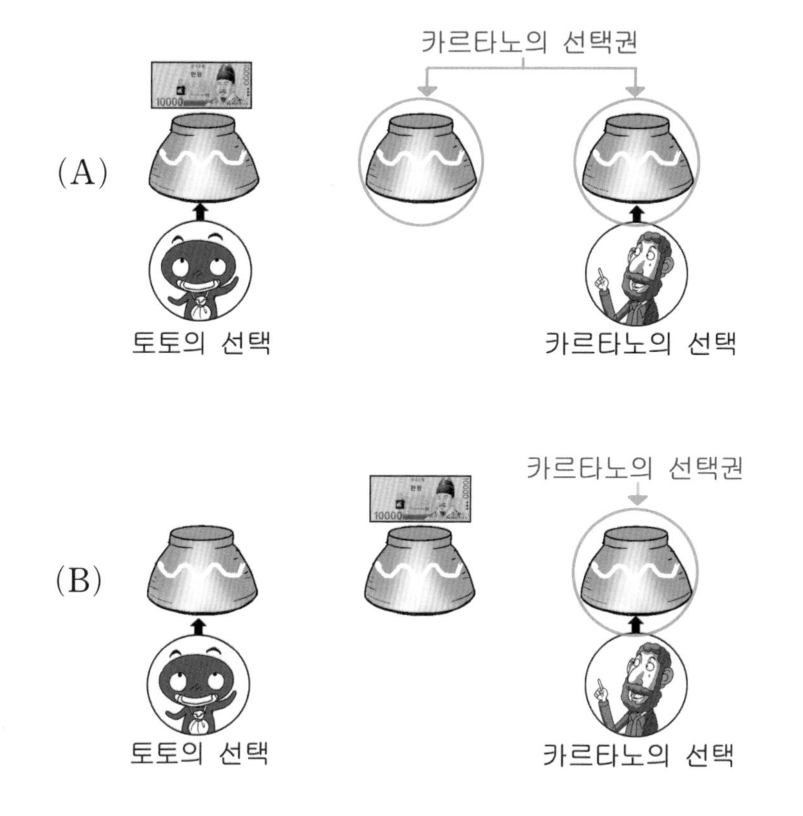

그럼, 다시 토토의 입장을 보자. 토토는 돈이 어디에 있는지 전혀 모르고 1번을 택했지. 카르다노 선생님이 3번을 열어준 것은, 1번에 돈이 있을 때는 둘 중에 하나의 선택이었고, 2번에 돈이 있

을 때는 하나밖에 없는 선택이었다는 거야. 그럼 2번에 돈이 있을 가능성은 1번에 돈이 있을 가능성의 2배가 되는 거지. 그럼, 전체 1의 가능성 중에 1번에 돈이 있을 가능성은 $\frac{1}{3}$, 2번에 돈이 있을 가능성은 $\frac{2}{3}$가 된단다.

즉, 토토는 2번으로 선택을 바꾸는 것이 2배나 유리해지는 거란다. 핵심은 카르다노는 돈이 어디 있는지 알고 그릇을 열었다는 것이지.

"아, 이해가 될 듯도 하고, 아닌 것 같기도 하고."

이해가 잘 안 되는 게 당연할지도 모르지. 사실, 이건 아주 유명한 '몬티 홀 딜레마'라는 것이란다. 한 TV프로그램에서 따온 말이지. 그 프로그램에서는 세 개의 문이 있고 출연자 한 명이 서 있지. 사회자 몬티홀은 이렇게 말한단다.

'세 개의 문들 중에 한 개의 문 뒤에는 자동차가 있고, 두 개의 문 뒤에는 염소가 기다리고 있습니다. 당신이 오직 하나의 문을 선택할 수 있습니다.'

출연자는 1번 문 앞에 서고, 그때 사회자가 3번 문을 열어 보여준다. 거기에는 염소가 있었지. 그때 사회자는 출연자에게 다시 선택할 수 있는 시간을 주지.

'자, 선택을 바꾸시겠습니까?'

물론 출연자는 토토와 마찬가지로 선택을 바꿔 2번 문 앞으로 가는 것이 유리하지. 이 문제가 소개되었을 때, 이것을 놓고 미국 중앙정보국 CIA와 MIT 교수들까지 토론을 벌였다고 하니, 너희들이 이해를 못 하겠다고 해서 좌절하거나 의기소침해 할 필요는 없단다.

이렇게 우리의 직관과 다른 확률의 아주 쉬운 예가 있지. 바로 로또란다.

"로또요? 직관과 다르다니요?"

지금도 여전히 로또가 유명세를 유지하고 있긴 하지만, 처음 그것이 우리나라에 들어왔을 때에는 대한민국의 모든 성인들이 거의 한 번씩은 다 사 봤을 정도로 대단한 열풍을 일으켰단다. 로또는 45개의 숫자들 중에서 총 6개의 번호를 맞추면 상금을 받게 되는 복권 제도지. 1번부터 45번까지의 숫자들 중에 순서에 상관없이 6개의 숫자를 고르기만 하면 어마어마한 상금을 받을 수도 있는 복권이 생겼다고 하니, 다들 그 번호 맞추는 게 그리 어려운 일은 아닐 것이라고 생각했어. 사람들은 자신이 로또에 당첨될 확률이 거의 없다는 사실을 소문으로 듣고도 그 사실을 받아들이지 않았단다. 일반인의 직관으로는 여전히 6개의 숫자를 맞추는 게 그리 어려운 일이 아니었거든.

"선생님, 그럼 로또에 당첨될 확률을 한번 구해 봐요. 확률 구하기는 이젠 무척 간단해 보여요."

"45개 중에 6개를 선택하는 경우는 ${}_{45}C_6$이지요. 순서와는 관계없으니까 순열이 아니라 조합이고요. 정답 번호는 단 한가지이니까 로또에 당첨될 확률은 $\frac{1}{{}_{45}C_6}$이네요. 이걸 계산하면……."

토토는 계산기를 두드렸습니다.

“헉, $\frac{1}{8145060}$…… 0.00001% 정도 되네요. 너무 작아서 감조차 잘 안 와요.”

그래. 그 확률은 매우 작아서 번개 맞을 확률보다 작다는 말도 있잖아. 그렇게 감이 잘 안 오니까, 사람들이 안 돼도 자꾸자꾸 하게 되는 거지. 도박의 심리도 그렇지. 직관적으로는 확률이 그럭저럭 될 것 같으니까 자꾸 도전하게 되는 거야. 아, 아까 말했던 ‘아무리 가능성이 낮은 일이라도 시행 횟수가 많아지면 언젠가는 일어난다’ 는 말을 여기에 적용하면 안 돼. 도박이나 로또는 항상 그 대가를 지불해야 하거든. 로또 회사나 도박장을 운영하는 사람은 로또 판매 금액이나 도박장 사람들이 지불하는 금액보다 적은 돈을 당첨금으로 제공하는 거란다. 그들에게 이윤이 남으니까 로또 회사나 도박장이 운영되는 거 아니겠니? 로또나 도박은 계산상 하면 할수록 손해가 나기 마련이란다. 내가 비록 도박에 빠져 확률을 연구하기는 했지만, 나처럼 수학을 잘 하는 사람도 결국 도박으로 많은 돈을 잃고 말았어.

이렇게 직관으로 어떤 문제에 다가갈 때 생길지 모르는 어려움을 해결하는 데에 객관적 자료를 제시해서 올바르게 앞날을 예측하도록 도움을 주는 것이 바로 확률이라는 것을 알겠니?

자, 이것으로 길고 길었던 확률 수업을 마칠 때가 되었다. 토토와 도로시, 이제 확률이 우리 생활에 있어 아주 편리한 도구라는 것을 이해했으리라 믿는다. 잘 할 수 있지?

"예, 선생님. 확률의 힘도 절대 잊어버리지 않을게요!"

열번째 수업 정리

우리의 일상생활은 확률 문제와 깊은 관계가 있습니다. 아무리 가능성이 낮은 일이라도 독립적으로 계속 시행하면 일어나기 마련입니다. 확률은 앞날을 예측하는 도구로 활용되고 때로는 직관이 옳지 않은 예측을 하는 것을 바로잡도록 도와 줍니다.